心手養狗

一次解決狗狗7大教養煩惱

矢崎　潤 著
黃薇嬪 譯

愛犬雖和家人很親近，然事實上牠或許對飼主心生不滿，只是勉強聽從指令。
狗狗遵從指令可能是因為「每次都要挨罵，好恐怖，雖然不想做，還是乖乖照做好了……。」
狗狗不會說話，因此我們很難明白牠們的想法，但是透過以下的重點確認，大致可以看出你的愛犬是否愛你。

□ **08 是否給予適度的刺激？**
→ 外來的氣味、聲音，以及與其他人或狗的接觸等適度刺激，都能夠消除狗狗的壓力，這些刺激可以滿足牠們的欲望。

□ **09 狗狗已經膩了，你仍繼續纏著牠玩**
→ 訓練課程也好，玩耍也罷，當狗狗表現出需求時，你是否好好回應了？狗狗玩膩了而你卻仍繼續，牠會開始討厭這些事情。

□ **10 飲食是否均衡？**
→ 你有沒有注意狗狗的飲食健康？重新審視食物或零食的質與量，肥胖和營養失調都是造成生病的原因，會影響狗狗無法健康生活。

□ **11 是否滿足狗狗咬東西的欲望？**
→ 咬東西的舉動能夠消除狗狗的壓力。身邊找不到可以咬的東西時，狗狗會累積不滿，於是轉向咬家具。

□ **12 你是否因為狗狗的行為而神經緊張？**
→ 狗狗偶爾亂撿東西吃或體重稍微過重時，你是否曾經反應過度？飼主的神經質態度往往也是造成狗狗不安的原因之一。

□ **13 管教的規則是否隨著心情而改變？**
→ 舉例來說，你原本決定絕對不給狗狗吃人類食物，一到過年又覺得可以例外，諸如此類，事實上狗狗無法理解你的考量，因此一旦決定規則就應該保持，才不會造成狗狗的錯亂。

□ **14 有沒有拿愛犬和其他狗比較？**
→ 你是不是認為別人家的狗多才多藝，或可以和其他狗兒好好相處，真是了不起呢？愛犬是愛犬，別人家的狗是別人家的，不能相提並論。

前言

開始與狗狗一起生活後，我想除了開心的事之外，也會陸續出現許多不解與不安。

在現代的寵物風潮中，眾多與狗狗有關的資訊如雨後春筍般冒出，各位是否愈來愈搞不懂到底該相信哪個才好，又該從哪裡著手才對呢？

「必須成為狗狗的領導」、「與狗狗之間必須建立上下關係、服從關係」、「人吃完飯後才能給狗吃飯」……。

狗狗管教書裡常用上許多「～不行」、「非～不可」、「必須～」。

但真是這樣嗎？學會與狗狗和平共處之後，我認為「不應該是

愛犬是否愛你？

□01	愛犬的生活空間舒適嗎？	試著待在狗狗生活的環境裡確認舒適與否。濕度、溫度、空間大小不適當，聲音、氣味刺激太過強烈，或是完全沒有任何與外界互動的地點，都會造成狗狗的壓力。
□02	斥責方式是否錯誤？	狗狗做了你不希望牠做的事情時，你是否會變得情緒化並體罰牠？如果有，絕對不行！狗狗如果看起來聽話，或許只是因為「害怕」。
□03	有沒有讓牠充分消耗體力？	狗狗散步回家後仍然吵鬧或經常胡亂吠叫，可能是因為運動不足。如果在外面充分玩耍，回到家裡基本上應該會很安靜。
□04	飼主是否握有主導權？	只要狗狗一要求，你就給牠零食當獎勵，或者只要把牠放到地上，牠就會開始嗚咽……諸如此類的情況表示你沒能掌握主導權，而狗狗恐怕認為飼主很好使喚！
□05	有沒有給予適度的稱讚？	你的稱讚方式真的能使狗狗開心嗎？對於一些不喜歡身體接觸的狗狗來說，撫摸可不是什麼稱讚。
□06	是否老是以高壓態度對待牠？	信賴飼主的狗狗會雙眼炯炯有神的聽從指示，如果狗狗表現出畏縮或意興闌珊的樣子就必須要注意。假如自己分辨不出來，可以尋求第三者幫忙判斷。
□07	是否確實注意牠的健康狀況？	你每天撫摸或刷毛時有沒有檢查愛犬的身體？狗狗就算感覺不舒服也不容易表現出來，所以飼主要經常摸狗狗身體做確認。

這樣」。

如果可愛的狗狗成為家族成員後，必須每天過著充滿禁令的生活，這樣未免太浪費生命也太無趣了。

想要和狗狗一起快樂生活，就不該出現「必須這樣做才可以」的想法，飼主應該多花點時間讓狗狗學會家裡的規矩，讓牠真正成為家裡的一份子。

畢竟人類和狗是不一樣的動物，在同一個屋簷下一起生活，原本就會出現許多困擾，這時何不嘗試讓狗容易明白，對人狗也都安全，甚至小孩子都能辦到的訓練方法呢？本書將要告訴您這個方法的內容。

希望這本書能夠為您解決愛犬所造成的小小困擾。

目次

用稱讚來愉快教導
什麼是「快樂訓練」？
你知道嗎？

稱讚管教法的第一步，就是從掌握狗狗的喜好開始。
找出給予什麼獎賞會讓狗狗最開心，
讓牠同時把獎賞和稱讚一起記住，
這就是矢崎老師推薦的「快樂訓練」精髓！

懂得稱讚等於懂得管教!?
獎賞不必侷限於零食

找出狗狗的喜好提昇動力

所謂「快樂訓練」（Fur Training）是以犬行為學為基礎所產生的科學訓練方式，不以怒罵或懲罰來管教狗狗，而是把重點擺在稱讚、教導正確行動並能夠有效預防失敗。這種方式能夠加深飼主與狗狗之間的互信關係，讓雙方以愉快的心情進行訓練。

建立訓練上最重要的「稱讚・被稱讚關係」，關鍵在於讓狗狗知道「受到稱讚是好事」。為此，飼主必須知道給予狗狗什麼會開心，拿什麼當獎勵最適合；如果拿食物當作訓練獎勵給不喜歡食物的狗狗，只會造成反效果；狗狗若無法理解「這是好事」就無法產生動力。有些狗狗喜歡零食，有些則喜歡玩具，每隻狗狗的喜好不盡相同，因此第一步要試著找出對狗狗來說的「好事」做為稱讚時的「獎勵」，例如零食、食物、摸摸等都是代表性的獎勵方式。

讓狗狗把獎賞和稱讚一起同時記住

狗狗並非一開始就了解稱讚的意義。把固定的稱讚和獎勵結合在

一起，狗狗才會產生條件反射，了解「稱讚＝會發生好事」。一般最常使用的稱讚詞彙是「好孩子」、「GOOD」、「好乖好乖」等，這裡介紹兩個讓狗狗快速記住稱讚的簡單方法。

第一個方法是每次說出固定的稱讚後，就給狗狗零食或玩具獎勵。「好孩子」↓零食，「好孩子」↓玩具，諸如此類，把稱讚和獎勵當作一個組合，並且要不斷重複。

第二個方法是趁著狗狗進行開心的行動時加以稱讚。狗狗在玩玩具或咬扯潔牙棉繩等時候對牠說「好乖好乖」，反覆幾次後，狗狗就會記住「稱讚＝好事、快樂的事」。

配合訓練環境和狀況改變獎勵，也是重點之一。平常在家裡訓練，狗狗的專注效果完全不同於在四周都是聲響和物品的公園裡進行

訓練。在家裡用狗食，在公園改用狗餅乾，如此變換零食給予「新鮮感」，訓練成功的次數自然會增加，稱讚的次數也會隨之大增。狗狗的喜好會隨著四周狀況而改變，因此請配合狗狗喜好，選擇適當的獎勵方式。

從日常生活中找獎勵

許多飼主擔心使用零食或狗食當作獎勵，狗狗會吃太多。如果稱讚與零食的條件反射訓練已經完成，即使最後的訓練只剩下稱讚，狗狗也會開心，知道「稱讚＝獎勵」，到達這階段，無須零食也能夠達成訓練。

給予零食的方式很重要。狗狗很聰明，牠們會察覺「總有一天會得不到零食」，因此必須不定期的給或不給，讓狗狗產生「下次能不能得到呢？」的期待，這點很重要。另外，如果能夠找到零食以外的事物讓狗狗開心，也可以納入訓練。

例如想要玩玩具、想要盡情奔跑等，在日常生活中就能夠實現的願望或得到想要的東西，對狗狗來說就是最大獎勵。利用狗狗的思考模式，就可以減少訓練時的零食和狗食份量。

獎勵的關鍵在於飼主「許可」的時機。假如狗狗想外出，可先讓牠在玄關前「坐下」或「等等」，待冷靜下來再把「外出」當作獎勵，等於是把飼主的「許可」當作獎勵。只要找出日常生活中的獎勵，「快樂訓練」就會容易許多。

對狗來說，「罪與罰」是什麼？

為什麼會挨罵？怎麼做才不會被罵？
讓狗狗了解並引導牠正確行動是很重要的。
我們無法用言語和狗狗溝通，因此更需要留心責備的方式。
「罰」在快樂訓練中究竟扮演什麼樣的角色？

重新審視「責備狗狗」的意義

打造不責罵的環境，比責罵本身更重要

進行快樂訓練最重要的關鍵，就是教導時盡量避免責罵。如果狗狗做出正確行動要稱讚，不適當的懲罰會損害狗狗與飼主之間的關係。

首先最重要的就是不要製造害狗狗挨罵的狀況，意思是說教導狗狗時，別讓牠有機會出錯。狗天生不習慣在固定場所排泄，也不曉得不能亂咬東西。假使學不會使用廁所，可藉由柵欄、圍籠等確實監視管理，避免隨地大小便，並收起不能咬的物品或噴上苦味噴劑，以預防措施打造「狗狗不會做錯事的環境＝狗狗不會挨罵的環境」。

為此，我建議各位把責罵狗狗的情況寫在筆記本上。只要掌握責罵次數和狀況，飼主自然能夠找到答案，知道該在生活中哪些方面下工夫。真的是狗狗有問題嗎？飼主沒辦法避免問題發生嗎？畢竟飼主才是負責打造環境、免除責罵狀況發生的重要角色。

不得已必須責罵狗狗時，請務必遵守以下原則：

①現行犯。

②正要做禁止的行為。

③責罵要能夠充分嚇阻，必須一次就讓狗狗停止犯錯，而不只

是用來嚇唬牠。

④一停止錯誤行為，馬上教導正確行為。

⑤學會正確動作要稱讚（給予獎勵）。

適當的責罵能夠暫時嚇阻狗狗的動作，但如果接下來沒有教導正確動作，狗狗仍會重複錯誤。責備並不能引導牠學會正確動作。

適當的責備與「懲罰」的意義

那麼什麼樣的責備方式最恰當呢？

用「不行」或「NO」等禁止口令喝斥就足夠。配合口令拍手或發出大聲響也有效，但要小心有些狗狗會嚇壞。

「不行」、「NO」這類禁止口令與「坐下」、「等等」同樣屬於指令之一。狗狗聽到「坐下」指令而坐下時要稱讚；以「NO」指令制止狗狗的行動後，要立刻告訴牠正確的動作（「坐下」或「趴下」等，以安撫狗狗）。

有些狗誤以為飼主所發出的喊聲都是稱讚，包括斥責聲，對於這類狗狗最有效的懲罰是「無視」或「天譴」。

當狗狗有求於飼主而吠叫時，「無視」最有效。重點是飼主不看狗、不出聲、不觸摸狗身體等。狗狗暫時會出現激烈反應，但飼主持續無視，牠會學到「叫也沒用」而收斂。

所謂「天譴」就是發出巨大聲響驚嚇狗狗，但不讓牠知道聲音的來源。這招用來對付惡作劇，或想進入不准進去的地方等最有效，只要選對時機利用適當音量阻止狗狗的行為即可。由於每種狗對音量大小反應不同，因此飼主必須花點時間找出最有效的音量。另外如前面提過，這種做法不適用於生性膽小的狗狗。

會破壞人狗關係的喝斥方式絕對NG！

另一方面，有些責備方式則絕對不可以做，比方說抓住狗的口鼻等等。鼻尖、腳尖、尾巴等末端部位是狗的敏感帶，經常抓握會惹牠討厭。另外，強迫狗狗露出肚子也NG，必須由狗狗自主做出服從動作才有意義，否則勉強也不會有用。當然體罰不在討論範圍之內，對無法用言語溝通的對象施暴，自然不可能建立彼此的互信關係。

重覆錯誤的斥責方式或不恰當的懲罰，甚至可能導致狗狗行為偏差，轉而害怕飼主或咬飼主，搞得飼主也受不了狗狗，最後雙方都留下陰影。因此想要和狗狗愉快生活，千萬要注意懲罰的方式。

正確解析狗狗的「行動需求」

狗狗成為寵物雖是由來已久，但在與人類的生活中，牠們仍會遵循天生的習性及本能的欲望行動。讓我們一起來認識狗狗的「行動需求」吧。

想讓狗狗擁有健康生活，請務必做到以下幾件事：

生活空間

重新檢視狗狗生活的環境。溫度、濕度、空間大小不適當、經常有人進出、聲音和氣味等刺激過強，或者反過來說完全沒有任何刺激等，都是造成狗狗壓力的主因。特別是在牠們長時間看家時，被關在狹窄的狗屋內會累積相當大的壓力。若有問題請立刻著手改善吧。

咬東西的欲望

事實上「咬東西」和「吠叫」兩者息息相關，同樣是動口的行為，因此有許多機會咬東西的狗狗，往往也會經常吠叫。善用這類行動欲望給予安全玩具或皮骨等物品，只要讓牠們可以常常啃咬，有些狗狗甚至可以因此改掉吠叫的習慣。

嗅聞味道的欲望

「散步」一詞字面上的意思原本是指「到處走走」，自由到處行走，聞聞喜歡的氣味，也是狗狗強烈的欲望之一。沒機會充分聞味道往往會造成壓力的累積。或許我們無法讓狗狗完全自由散步，但在安全的原則下，可以偶爾給予牠隨心所欲聞味道的時間。

消耗體力

英國有句俗諺說：「疲倦的狗是好狗」。正如這句話所表示的，狗狗藉著散步或玩耍充分運動後，回到家就會累得不想吠叫。相反地，運動不足就被關進籠子裡的狗狗，體力當然沒有獲得適度消耗。讓狗狗運動到回家時有點疲倦的程度吧。

社交刺激

狗原本就是群居動物，因此如果經常獨自看家，或散步時間過短而鮮少有機會與其他人狗接觸，就必須重新檢討狗狗目前的生活模式。無須勉強原本就討厭與其他人狗往來的狗

狗，但若喜歡交際的狗狗卻無法外出社交，會累積相當大的壓力。配合愛犬的個性給予喜歡的刺激，能夠同時解決狗狗造成的困擾。

健康檢查

狗狗會因為生病疼痛或受傷而吠叫。假如牠突然吠叫，或者原本能夠正確的上廁所卻失敗了，則可能是狗狗身體不舒服所造成，因此平常必須多觸摸愛犬身體，觀察牠的行動，仔細確認有沒有和平常不同的地方。養在戶外的更要注意。健康檢查可以早期發現、早期治療。養成習慣，只要發覺狗狗情況不對勁，就要立刻去看醫生。

Coffee Break!

經歷過多次失敗，現在我才能和狗狗和平共處

第一次養狗是在國中一年級時，我從朋友那兒抱來一隻博美的幼犬。

這件事已是十多年前，當時養狗的書不像現在這麼多，我對於如何管教狗狗還處於摸索階段。當我發現狗狗偶爾輕率犯錯或惡作劇時，就會照著書裡寫的斥責牠，但往往因為沒能得到預期效果而感到焦慮。我也曾經把狗狗送進訓練所，還照著訓練所教的對狗狗嚴厲斥責管教，卻感覺到與狗狗的距離愈來愈遠，也就是說我當時的管教方式只是一連串的失敗。

但是這個失敗卻成了契機，我開始自行思考與狗狗拉近距離的方法，不再像過去一樣將書上寫的內容照單全收，反而開始讀起管教人類小孩的書籍，仔細觀察狗狗，一面嘗試錯誤一面與牠相處，漸漸地我和狗狗的關係愈變愈好。

我認為自己現在能夠和愛犬們幸福圓滿生活，都要歸功於曾經有過的失敗經驗。

第一大困擾～

上廁所失敗

上在廁所以外的地方、把廁所當睡床、
一興奮就忍不住尿出來、
狗狗吃大便真討厭……。
畢竟要一起生活在室內，
讓我們一口氣解決這些問題吧！

你有沒有這些行為？

- □ 看到狗狗上廁所失敗就破口大罵、反應激動。
- □ 沒有準備適當大小的尿布墊供狗狗排泄用。
- □ 狗狗在房內自在行動時，你不自覺就忘了注意牠。

為什麼辦不到？

狗狗本來就會到處排泄，不習慣在同一個地點上廁所

要和人類一起生活，狗狗最需要學會的規矩就是上廁所。但是有不少飼主因為狗狗無法順利做到這點而頭痛。

我明白一失敗就會莫名火大的心情，但是狗狗不懂在廁所之外的地方排泄是錯的，因此牠們多半會把「在廁所之外的地方排泄會被罵」解讀成「在這個人面前排泄會被罵」，而趁著飼主沒看見時大小便。

重點在於要讓狗狗牢牢記住「在固定的廁所排泄＝好事」，因此要讓狗狗多體驗幾次成功經驗，並不斷反覆練習外加稱讚，這樣才會奏效。請仔細閱讀8～11頁的內容，第一步要布置出讓狗狗方便排泄的環境，並掌握牠的排泄時機。此外，狗狗想排泄時把牠帶去上廁所，只要排泄就稱讚牠，並且要有耐性地反覆練習。

LESSON 1 學會上廁所

（為了教會狗狗上廁所，除了要準備能夠讓牠安心排泄的環境，還要反覆練習以下動作——想要排泄時帶牠去廁所，辦到了就稱讚牠——依照每個步驟的重點進行訓練。）

1 準備廁所用具！

想要確實教會狗狗上廁所，最重要的關鍵就是預防失敗，因此我們必須準備這些道具配合狗狗的情況和環境使用。

如果狗狗獨自看家的時間很長

在寬廣圍籠內擺入籠子、狗廁所、飲用水、玩具等。一開始最好全部鋪上尿布墊，這樣子無論在哪裡上廁所都不算失敗。

狗屋或睡床盡量遠離狗廁所，讓狗狗能夠安心休息。

在這裡擺些能讓狗狗長時間專注玩耍的玩具或皮骨等物。

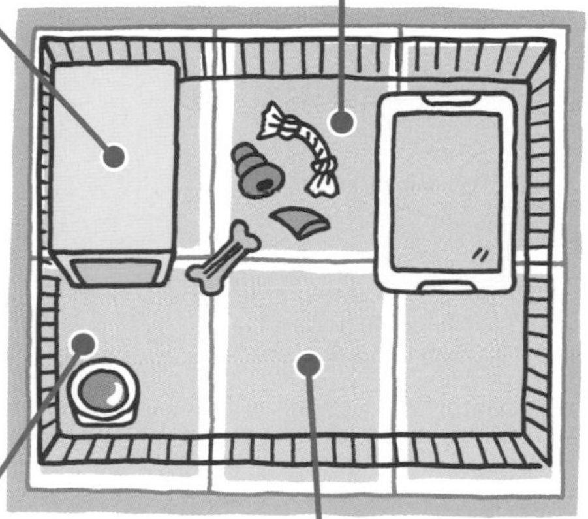

用碗裝新鮮的飲用水。虹吸式給水器一次只會給予少量的水，只能當作看家時的輔助工具。

如果狗狗還在練習上廁所就把尿布墊鋪滿，等狗狗學會上廁所，再將尿布墊遠離床鋪和狗屋。

如果飼主經常在家

在圍籠中擺入狗廁所（尿布墊）和睡床。由於圍籠內很狹窄，沒有玩耍空間，如果有人在家，應該經常把狗狗放出圍籠。

如果狗狗會吃大便或破壞尿布墊

分別準備睡覺用的籠子及廁所圍籠（或者將圍籠內的地板全鋪上尿布墊），這樣就能減少吃大便或惡作劇的機會。

2 算好排洩的時機！

狗狗容易排泄的時機大致如下。
請務必算好時間，預先帶狗狗去廁所。
時間點會依狗狗的情況或當天身體狀況而改變。

〈吃喝完之後〉

飯後、吃完零食或喝完水之後都是值得注意的時間點。

〈睡醒時〉

睡了一陣子醒來後會累積尿液。

〈運動過後〉

散步或玩耍而興奮運動過後。

〈在室內的自由時間〉

就算什麼事情也不做，每 15 分鐘尿一次也很正常，尤其是出生 2 個月大的狗狗。

3 解讀排泄的徵兆

想要上廁所時，狗狗會發出某些訊號，如繞圈子、嗅聞地面味道等，由於每隻不盡相同，因此必須仔細觀察愛犬，掌握徵兆。狗狗在房間內自由行動時，一旦出現這些訊號就馬上帶牠去上廁所。

專欄

狗狗吃大便該怎麼辦？

吃自己的大便對狗來說並非什麼怪異行為，對身體也不會有特別的壞處，但是看到這種情況會令人不舒服，因此必須盡量改掉狗狗這種習慣。請特別注意狗狗排泄的時機，並且立刻清理。

排泄完立刻收拾

大便結束後，開門用零食引誘牠出來，並儘快收拾乾淨。

趁大便時轉移牠的注意力

狗狗一開始大便就把零食擺在牠的鼻尖，吸引牠的注意力。

看到狗狗吃大便就大吼大叫

狗狗正在吃大便時，飼主做出激烈反應，牠們會認為你在意而變本加厲。遇到這情況時不要責罵，立刻收拾善後並打造讓狗狗沒有機會吃大便的環境，才是重點。

NG!

4 基本的上廁所訓練

利用圍籠環繞出的狗廁所進行訓練，限制狗狗的行動，就能夠提高成功機率。如果辦到了要不斷稱讚，這樣就能夠幫助狗狗記住要在特定位置排泄。

STEP 1 帶牠去狗廁所

如同P.18 中介紹過的，狗廁所的地點會依據狀況而不同，不過共通點都是要讓狗狗在房間裡來去自如（吃大便或弄破尿布墊等時候則關進籠子裡）。等到上廁所的時機或訊號出現，再帶牠去廁所。原則是狗狗不排泄就不讓牠再度獲得自由。

1 誘導進入廁所

狗狗可能排泄的時間點或訊號出現時，就抱著牠往圍籠去。這時為了讓牠記住圍籠入口，必須從門進去。放進去後關上門。

2 不想上就讓牠出來

進入廁所圍籠 30 分鐘後仍沒有排泄，暫時把牠放出來回到房間，等約 15 分鐘後，再度把狗狗送往廁所。

3 排泄就稱讚牠

直到狗狗排泄之前不要一直盯著看或出聲，只要不經意地待在旁邊即可。如果狗狗乖乖在尿布墊上排泄再對牠說「Good」稱讚，並立刻給牠零食獎賞。

4 讓狗狗離開圍籠

給了零食之後，打開圍籠的門陪牠玩一會兒玩具。對於多數狗狗來說，在尿布墊排泄後最棒的獎賞，就是能夠離開圍籠，在房內自由行動。

※狗狗自己進入廁所排泄時，要給予狗狗比平常更棒的額外獎勵。

※要避免「不小心恍神沒留意」的失敗。只要你的視線必須離開，哪怕只是一瞬間，都要將狗狗放回圍籠或睡籠。如果是看電視等時候，抱著狗狗也可以。

STEP 2 讓狗狗明白獎賞

學會在廁所排泄時，給牠的獎賞請以下列 3 項為原則。

1 撫摸、說出稱讚語、鼓勵等動作

首先馬上做這些動作稱讚牠。這些動作可以立刻反應，因此容易讓狗狗了解自己為什麼受到稱讚，是一大優點。

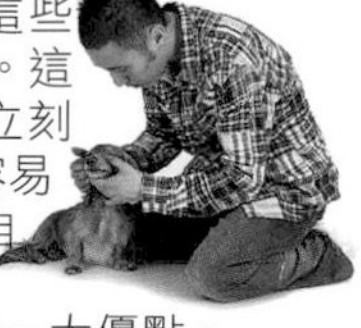

2 給牠零食

其次是給牠零食等食物。最好把食物擺在廁所附近，方便馬上拿給狗狗。

3 可自由來去房間

能夠待在寬廣房間就是最大的獎勵，或可以准許牠稍微玩一下。直到狗狗記住廁所之前，不要讓牠進入廁所所在以外的地方，等牠能夠主動回到房間中的廁所時，才可以開放家裡其他房間讓牠進入。

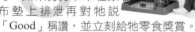

（萬一又失敗……）

〈同樣的事不再重蹈覆轍〉
沒發現狗狗的粗心大意是飼主的責任。飼主要弄清楚狗狗上廁所失敗的原因，避免下次再犯同樣錯誤，這點很重要，也是飼主必須努力的方向。

〈不要反應過度〉
發現狗狗犯錯時，你或許會「啊——」地大喊大叫，但請勿出現過度反應。就算抱怨，狗狗也無法理解，反而讓牠以為犯錯可引來主人注意，為了得到關注反而胡亂大小便。

〈不要責罵〉

責罵也不能讓牠了解廁所的意義。狗狗原本就沒有「上廁所失敗」的概念，被罵反而可以得到「讓主人注意我」的獎賞，或是成為牠躲起來排泄的原因（因為牠會領悟到，只要不被看到就不會挨罵）。

〈隔離後再行清理〉
收拾善後時，拿抹布和狗狗嬉鬧，狗狗可能會解讀成「小便＝可以玩抹布」，因此清理時要把狗狗關進籠子裡，或是讓其他人看著狗狗再進行。

POINT

如果經常留狗狗單獨看家，就別指望立刻看到訓練成果，畢竟飼主不在家的時間多，狗狗自然沒辦法快速學會。狗狗看家時上廁所失敗，要儘快清理乾淨，並由基本訓練從頭來過。必須要有耐心地慢慢來。

5 興奮漏尿該如何處理？

狗狗常會因為客人來訪而興奮撒尿。採行對策以緩和狗狗的亢奮，或評估客人來訪的時機，先帶狗狗去上廁所等等，都能夠防止興奮漏尿。

1 事先讓牠在狗廁所排泄

客人來訪時，先將狗狗安置在狗廁所圍籠區，讓客人在圍籠外和狗狗打招呼，促使牠排泄。

2 和訪客在戶外見面

與狗狗一起外出迎接訪客，這樣比在室內突然見面較能夠不過度亢奮。

3 排泄物，要用水沖走

在戶外興奮漏尿時，必須用水將現場清理乾淨，這是禮貌。

6 戶外廁所→家裡廁所

只在戶外大小便的狗狗，由於飼主每次都必須配合帶牠出門上廁所，一旦狗狗上了年紀或生病，不僅對狗狗來說辛苦，對於飼主也是種負擔。等狗狗年老才突然要改換成在室內上廁所，牠不但會排斥，恐怕還會因此累積壓力。一旦養成在戶外大小便的習慣，想要改變需要飼主極大的耐心，因此請盡量趁著狗狗還年輕時教牠學會在室內或住家附近上廁所。

STEP 1

掌握排泄的習慣

訓練必須掌握狗狗實際排泄的時機來進行。首先確認狗狗在哪種場所、什麼時候、排泄幾次，特定的場所更要確認。排泄地點和次數等會因狗而異，請仔細觀察。

STEP 2

藉由指令控制排泄

狗狗排泄時，一定要重複固定的口令，讓狗狗跟著指令排泄。請先在平常排泄的場所試試看。

下指令

在什麼場所都無所謂，只要狗狗一開始排泄，就說「1、2、1、2……」或「廁所、廁所」等專用口令。

結束後要稱讚

排泄結束要給牠零食、撫摸或出聲稱讚等，反覆多做幾次。

用指令來控制

反覆進行約 1 個月後，只要一說出專用口令，狗狗就會條件反射主動排泄。一旦能夠配合指令排泄，接下來只需抓住幾個重點，敦促牠學會在固定場所大小便即可。

STEP 3

目標是在住家附近排泄

即使狗狗學會聽從指令排泄，也別突然要牠在院子或室內完成，先在住家附近大小便開始練習。

在住家附近下指令

外出散步時，先下指令讓牠在住家旁邊排泄。重複幾次試試。

完成後要稱讚

狗狗聽從指令做出反應排洩，要給牠零食、撫摸或出聲稱讚，並繼續散步，讓牠記住排泄之後快樂的事情仍會繼續，自然也就不排斥在家附近排泄了。

POINT

排泄後繼續散步一會兒

一般人經常在早晨忙碌時帶狗出去大小便，等排泄完就立刻回家，所以我不推薦這個時段。狗狗會認為「只要一排泄，快樂的散步就結束了」，因此可能會選擇在離家愈遠愈好的地方排泄。排泄後繼續散步一會兒，使狗狗心滿意足吧。

STEP4 先學會在院子或住家附近大小便

對狗狗來說，庭院或住家附近是自己的地盤，因此牠會不太願意在此處排泄。別急，有耐心地練習吧。

1 在院子下指令

在住家附近或院子裡說出排泄指令。重複練習幾次。

※反覆下達指令狗狗仍不願排泄，請先返回家裡。

※如果能夠聽從指令排泄，就給牠零食、撫摸或出聲稱讚。

2 繼續散步

稱讚完後出門散步，用意在告訴狗狗排泄後快樂的事情仍會繼續。

STEP5 學會在室內上廁所

終於來到最後階段了，請按照底下的步驟進行。學會在室內上廁所與飼主的耐心有關，若是做不好恐怕會造成狗狗焦慮或引發膀胱炎等，因此進行時請別忘了注意狗狗的反應。

1 習慣室內廁所

準備好圍籠廁所。若是公狗，可用寶特瓶罐捲上尿布墊當作排泄點，充當簡易電線桿使用，相當方便。用零食等物誘導狗狗進入。

2 下指令

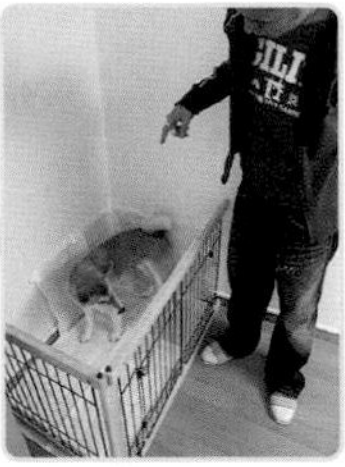

等狗狗能夠適應圍籠，就把圍籠關上，下達排泄指令（「1、2、1、2」或「廁所、廁所」等）。

※學會排泄馬上給牠零食、撫摸或出聲稱讚狗狗。

※學會排泄就去散步。反覆執行這些步驟，狗狗就會記住排泄之後會有好事發生。

專欄

在住宅區等場所，要特別注意，當你帶狗狗在住家附近排泄時，一定要避開其他住家的花壇、大門等。一旦讓狗狗習慣在那些地方撒尿，牠很可能會重複此行為，造成鄰居困擾。另外在戶外排泄後如果放著不管，其他狗狗會對味道產生反應而跟著尿在同一個地方，因此最好隨身準備裝水或除臭劑的寶特瓶，以沖洗狗狗的尿液。

狗狗管教煩惱
廁所篇

尿尿超過尿布墊了！」、
小便」等困擾問題。

溢出尿布墊

無論鋪上多大的尿布墊，狗狗仍老愛挑邊邊角角上廁所，使排泄物跑出尿布墊外。「當事狗」以為自己做得很好，所以讓我想罵又不能罵。

改用大尺寸尿布墊或強調狗廁所與地面的差別

尿布墊的尺寸會不會太小？我建議改用尺寸更大的尿布墊試試看。另外，由於尿布墊的邊緣沒有突起，狗狗無法理解到哪邊為止是狗廁所的範圍，因此會讓排泄物出界。準備尺寸適當（小型犬至少需要60×40 cm）的尿布墊，並在尿布墊四周以木塊等物圍出狗廁所與地面的高低差即可。

在抱枕等家具用品上大小便

牠平常會乖乖在廁所排泄，可是只要購買新抱枕或地毯回家，一定會在上面大小便，實在傷腦筋。

在能記住狗廁所的位置之前，暫時不要擺新家具用品

狗狗是根據「地點」、「氣味」、「觸感」三種感覺記住排泄場所，因此會誤以為與尿布墊觸感類似的布料都是狗廁所。開始訓練兩個月左右時，不要在四周擺放類似觸感的物品，等牠完全學會在狗廁所大小便之後，再恢復平常的使用方式。另外，如果狗狗喜歡在新抱枕或地毯上大小便，是因為介意新氣味，可先清洗新買的布料，讓它沾上家裡的味道。

解答常見的 Q&A

解決諸如「可惜
「只在新家具上大

躲起來大小便

曾在狗狗大小便時罵過牠一次，從此之後牠都躲在窗簾或門後面等地方大小便。該如何改善才好呢？

每次上完廁所都要稱讚

狗狗不懂挨罵是因為大小便地點不對，牠以為「只要一大小便，就會被那個人罵」。假如狗狗無法在你的注視下大小便，就表示你的斥責管教方式是錯誤的，必須從頭訓練起，只要狗狗做對就稱讚，並反覆練習。

另外也別忽略了確實管理，必須趁著狗狗還沒學會在廁所大小便之前，先排除視線死角，狗狗自由行動時也不要讓牠離開你的視線範圍。

在睡床上大小便

圍籠裡有尿布墊和睡床，結果牠以為尿布墊＝睡床，睡床＝排泄場所。

圍籠內鋪滿尿布墊，或者把睡床和狗廁所分開

若圍籠內的空間全部鋪上尿布墊，弄髒任何地方都不成問題。或也可利用圍籠和籠子區分狗廁所與睡覺空間。這時要把籠子變小，留下只夠睡覺的空間，狗狗自然會忍住排泄需求，等飼主看準牠想去上廁所的時機再放入圍籠。狗狗排泄完畢後要記得稱讚，等牠記住狗廁所的位置後，就可以讓牠自由往來籠子和圍籠。

Coffee Break!

山窮水盡的心情……用處理人類尿床的方式試試！

事情發生在國中時。當時我正在教最早飼養的博美狗上廁所，但就算我把牠直接放在寵物尿布墊旁邊，牠仍完全不肯大小便。等牠在不對的地方排泄後，我生氣地拿尿布墊摩擦牠的鼻子，大聲拍打地板，指著牠的鼻子大罵，反覆幾次下來，狗狗變成只在玄關、更衣間等我的視線死角處排泄。

現在想來，狗狗或許誤以為「在這個人面前排泄，他會生氣」吧。

這狀態持續了幾個月之後，某天我突發奇想找來如何改善人類小孩尿床的書閱讀。本著「溺水求生」的心情，我找到了「睡前盡量不要讓牠喝水、一出現排泄的徵兆就馬上帶去廁所、能夠成功上完廁所就要稱讚」的方法，一試之下，狗狗居然在一個禮拜之內就學會了上廁所！我這才發覺「只是責罵狗狗，牠什麼也學不會」，這句話也成為我管教狗狗最好的契機。

第二大困擾～

吠叫

狗狗會對門鈴、電話、客人來訪、快遞員汪汪吠叫！
雖說家裡可以養狗，但這樣不是會給鄰居添麻煩嗎？令人恐慌心驚的「吠叫」問題當然也有解決方法。

為什麼辦不到？

若無法懂得狗狗警戒、害怕、要求的原因，就無法解決困擾

check!

你有沒有這些行為？

- □ 強迫狗狗接近吠叫的對象，希望兩者和平共處。
- □ 狗狗一叫就大吼大叫地責罵。
- □ 把愛吠叫的狗擺在可以看見外界之處，讓牠置身於容易受擾的狀況。

狗狗吠叫是理所當然的，話雖如此，只要和人類一起生活，許多情況下吠叫都會造成困擾。比方說門鈴一響就叫，則無法泰然招呼客人；想要吃食物而叫，卻不可能每次都照牠的要求供給。最重要的就是會造成鄰居困擾，這點最令人煩惱，因此問題必須解決。狗狗只要和人類一起生活，就必須學會減少吠叫，避免困擾。

狗叫的原因很多，主要是基於警戒、害怕或要求等而叫，具體來說，就是牠聽見門鈴或大聲響，或對客人產生警戒，或想要食物或散步，或對吸塵器等陌生物體、動態、聲音感到害怕等等。

掌握狗狗吠叫的原因後，選擇適當的方法，有耐心地進行訓練，教導出「不會在不該叫的場合吠叫」的狗狗。

LESSON 2 依照不同情境治好吠叫習慣

（想要阻止狗叫，必須先找出牠為什麼原因而叫，並施以適當訓練，對症下藥。每隻狗狗吠叫的對象及背景皆不同，第一步就是要掌握牠的習性。）

1 對電鈴吠叫

原本乖乖待在沙發上的狗狗，一聽到電鈴聲就放聲吠叫，這種例子不在少數。對應方法有許多種，例如讓狗狗習慣聲音、讓牠認為「聲音＝好事」，或者盡可能冷處理。

持續按鈴，讓牠習慣聲音

不斷地按門鈴讓狗狗習慣聲音。一開始牠或許會吵鬧吠叫，不斷重複後，有些狗會覺得無趣而停止吠叫。

讓聲音與條件反射連結

請人去按門鈴，只要門鈴一響就給狗狗零食，反覆這動作幾次後，狗狗會認為「門鈴一響就有好事」而不再吠叫，反而會走到飼主身邊。

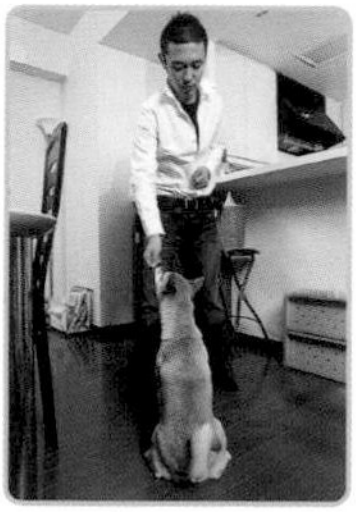

和狗狗一起迎接訪客

按門鈴的應該多半是認識的人，因此請他們來訪之前先以手機聯絡，由飼主帶狗出門迎接。這樣子狗狗自然會放鬆對訪客的警戒心。

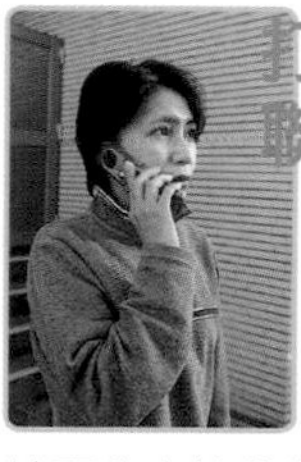

打手機聯絡
1

請預定來訪的客人在外面打電話進來。

帶著狗狗出門迎接
2

帶著狗狗一起出門迎接，就可以解決門鈴問題。

一起走回家裡
3

一起進入家裡。只要在門外打過招呼，狗狗對來訪客人的警戒心就會放鬆。

表現出鈴響時態度的改變

對門鈴吠叫的狗狗多半不只對聲音，也是對鈴響後飼主忙碌的舉動及聲音做出反應。在門鈴沒響的狀態下，請做出同樣舉動，讓狗狗適應。

1 門鈴沒響時的回應

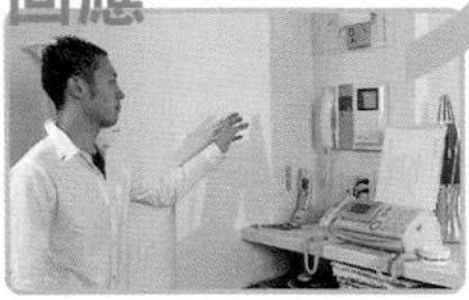

假裝門鈴響了，對著對講機回答「來了」等。狗狗不叫就給牠零食，若吠叫則忽視。

2 試著拿起對講機

稱讚之後拿起對講機。這時候如果狗狗沒叫就給牠零食並稱讚，吠叫則忽視。

3 讓狗狗聽見說話聲音

這次試試朝對講機說話，到此若狗狗仍沒有吠叫，就給牠零食稱讚。重複同樣的動作幾次。

給牠零食分散注意力

如果狗狗食慾旺盛，零食的誘惑絕對大過對門鈴的警戒。門鈴響起時撒出弄碎的零食，可以讓狗狗專注吃東西，進而預防吠叫。也可以把零食丟進狗窩讓狗狗進去。

撒在地上吸引注意力

1 剝碎零食準備

預先把少量零食用手剝碎，等門鈴一響就立刻撒到狗前面。

2 朝狗狗頭上撒食物

門鈴一響就對狗狗說「去找」，並對狗狗頭上撒零食。藉由對頭部的刺激與食物的誘惑兩階段作戰，能夠防止吠叫。

把食物丟進狗窩

1 準備零食

已經學會零食訓練的狗狗一聽到門鈴響就會看向飼主，這時候把撒零食的地方改到狗窩。

2 朝狗窩丟食物

門鈴一響，對狗狗說「去找」，同時把零食丟進狗窩裡，狗狗會跑進狗窩而忘了吠叫。

叫牠拿玩具過來

這招對於愛玩具的狗狗相當有效。等牠學會門鈴一響就看向飼主，就可以教牠去找玩具。

1 門鈴一響，叫牠「咬過來」

聲音一響就對聽得懂「去找」指令的狗狗下令。如果狗狗聽不懂指令，直接把玩具丟給牠。

2 丟出玩具轉移注意

狗狗找到玩具會開始玩，沒空吠叫。

用「等等」的指令制止牠

這方法對於懂得「等等」的狗最有效。門鈴一響，狗狗會看向飼主，這時對牠說「等等」，就算飼主往玄關走，牠應該也會乖乖等待不吠叫。

1 一響就說「等等」

門鈴一響就在玄關前說出「等等」指令。

2 做到了要稱讚

如果狗狗乖乖等待不吠叫，就給牠零食當獎勵。重複做幾次。

2 對響聲吠叫

消防車的警笛聲、選舉車的廣播、人在外頭走路的聲音等等，有不少狗狗一聽到某些特定聲音就會吠叫。首先找出牠會對什麼聲音吠叫，再想辦法對應。

分辨狗狗吠叫前的徵兆

對聲音吠叫前，狗狗多半會出現一些徵兆，如豎起耳朵或面朝玄關。趁著徵兆出現時轉移牠的注意力，就能夠防止吠叫。

1 確認狗狗的徵兆

預先確認狗狗吠叫前出現的徵兆並記住。

2 徵兆出現時的對應方式

一出現徵兆，就拍手或呼叫名字，轉移狗狗的注意力。

3 不吠叫就稱讚

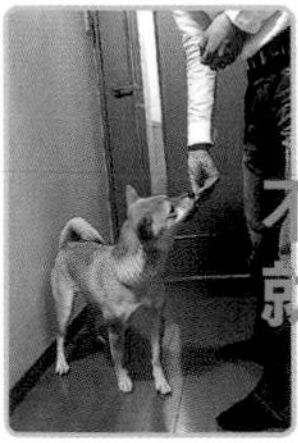

如果狗狗沒有叫，就給牠零食稱讚。重複多做幾次。

允許輕微吠叫

要狗狗對聲音完全不吠叫很困難，基於這項事實，允許狗狗只短促「汪」一聲也是一種作法。太過追求完美會帶給飼主和狗狗壓力。

允許短暫吠叫

先對附近鄰居打聲招呼說「如果狗狗亂叫，很抱歉」，會比較安心。

把聲音錄下來，讓牠習慣

把牠吠叫的對象，比如警笛聲，錄下來，趁著狗狗吃零食或玩耍等愉快的場合播放，如此一來狗狗適應了聲音就不會再特別有警戒心。

在愉快的時間播放

趁著狗狗專注時讓牠聽，就不會對那聲音有負面印象，同時會認為不需要警戒。如果狗狗停止原本專注的動作開始吠叫，就應該停止播放。

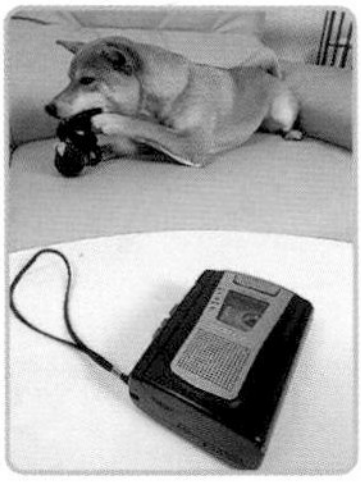

※首先從小音量開始，慢慢調大音量，如果狗狗在過程中開始吠叫，就不要繼續調大音量。

3 對吸塵器吠叫

機械的外表、嗡嗡的詭異聲音、在地上匍匐前進等奇怪動作，吸塵器充滿了讓狗狗想要吠叫的因素。狗叫的心理因素包括想要嬉鬧、想要威嚇等等，因此要依照狗狗的情形找出對應方法。

對吸塵器吠叫的狗狗可分為兩大類型，一是害怕吸塵器獨特的動作與聲音而吠叫，另一類是對吸塵器感到興奮而叫。訓練時必須找出符合狗狗類型的方法進行。

〈因為害怕而叫的類型〉

讓牠習慣看到吸塵器

這是對於一看到吸塵器就害怕的狗狗最有效的辦法。把吸塵器擺在狗狗常待的地方，這樣一來狗狗就不會認為吸塵器很特別而逐漸停止吠叫。

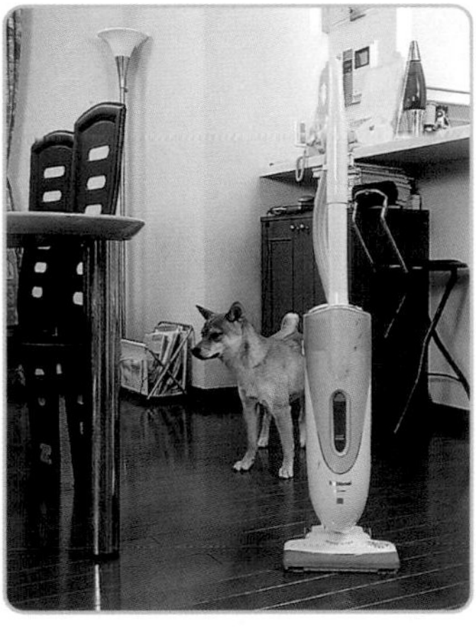

移開狗狗後打掃

趁著散步時，由其他家人幫忙使用吸塵器就不會有這問題。或者把狗狗移動到其他房間或圍籠內再吸地也可以。剛開始或許會叫，最後應該會停止。

POINT

注意打掃時的方向！

若朝著狗狗正面使用，狗狗會更想威嚇或戲弄掃除工具。在狗狗所在的地方使用吸塵器等打掃時，必須注意吸塵器移動的方向及吸嘴的方向。

〈由於動作產生反應的類型〉

「等等」&「GO」的折衷做法

把狗狗移往其他房間去仍然興奮吠叫時，可試用這個辦法：下令「等等」，只要牠聽話等待就把「允許牠玩弄吸塵器」，或「對吸塵器吠叫」當作獎勵，這是一種折衷或妥協的作法。

1 以關機狀態移動

在開關關閉的狀態下移動吸塵器，並下令狗狗「等等」。只要沒有吠叫就給牠零食獎勵。反覆練習。

2 狗一叫就停止

狗狗一叫就停止移動，等牠靜下來再對牠說「等等」，辦到後給牠零食獎勵。

3 挑戰開機狀態

習慣 1～2 之後，打開開關再試一次。逐漸延長「等等」的時間。

4 偶爾 OK

偶爾對狗狗說「OK」，允許牠對吸塵器吠叫一小段時間後，再度下令「等等」。

狗狗管教煩惱
吠叫篇

方式做了，為什麼還是失敗？」
之前務必一讀本文！
吠叫不停的原因。

Q 兩隻一起叫

我養了兩隻狗。只有一隻時，即使快遞人員來家裡也不太會叫，自從養了兩隻狗後，只要一隻開始叫，另一隻也會不認輸地吠叫。

A 重點是兩隻分開重新訓練

飼養一隻以上的狗時，只要有兩隻在，壞習慣就會變成兩倍。因為牠們覺得除了自己之外還有夥伴聲援自己，態度自然變得強硬，如果原本不太叫的狗和愛叫的狗住在一起，就會變得更會叫。閱讀前面的LESSON，將牠們兩隻分別重新加以訓練。

Q 對著吸塵器叫

牠平常是很乖的好孩子，但只要一看到吸塵器就性情大變，瘋狂吠叫。

A 慢慢訓練牠習慣吸塵器

會對吸塵器吠叫的狗狗不少，原因或許是聲音和可疑的動作，不過我認為，不習慣也是很大的原因。將電源關閉的吸塵器擺在狗狗旁邊，讓牠習慣吸塵器的存在，應該能夠獲得改善。請暫時趁狗狗不在時，再打開機器打掃吧。先讓狗狗習慣吸塵器，接著可參考P.32～33進行訓練。

解答常見的 Q&A

「我明明已經按照書上教的管教
在你開始鬱卒
一定能夠找出狗狗

※所謂「天譴方式」就是當狗狗做出不討人喜歡的行動時，發出狗狗討厭的聲音或味道，但不要讓牠知道是誰發出的。透過這種刺激能夠矯正狗狗的行動。

Q 「天譴」無效

狗狗正準備對聲音吠叫時，使用道具發出聲音或狗狗討厭的味道，反而讓牠更驚嚇而叫得更厲害。

A 「天譴※」用在容易驚慌失措的狗狗身上，只會造成反效果

或許是懲罰的方式不適當（關於「懲罰」，請再閱讀一次P.8〜9）。如果狗狗因害怕而吠叫，給予天譴只會造成牠更加害怕而吠叫。對於會被較大聲音驚嚇或興奮的狗狗來說，這種方式會帶來反效果，務必小心。

Q 有訪客來時吠叫

即使給了狗狗KONG或其他玩具，牠的全副精神仍集中在「吠叫」這件事情上。

A 不常有客人來訪，可以先把狗安置在其他房間

對於這隻狗來說，訪客的魅力大過玩具。如果只在一小段時間內對訪客吠叫打招呼且馬上就停止，讓牠叫無妨，但長時間持續叫不停可就麻煩了。這時可嘗試將牠安置在其他房間裡。客人偶爾來訪，可以這種緊急處理方式。如果來訪頻繁，就必須藉由訓練來改善。

Coffee Break!

響徹大馬路的吵鬧聲音，原來是出自我家狗狗？

我的愛犬迷你臘腸狗MoMA從前也很愛亂叫。和我在一起時明明很乖，只要獨自看家就會吠叫，是隻有強烈分離焦慮傾向的狗狗。

我發現這件事是某天外出回家時。我家位在面對大馬路的大樓內，走在大馬路上卻聽見從大樓傳來不輸給路上車子噪音的狗叫聲。我心想：「這是誰家的狗？」進入大樓爬上樓梯來到我家附近時，發現狗叫聲愈來愈大……沒錯，正在叫的就是我家的狗！隔天外出下樓梯時，我在途中稍做停留，馬上聽見MoMA的叫聲。我好震驚。

可是因為這緣故，我把MoMA送去訓練，才逐漸改善了牠看家時吠叫的毛病。雖說是偶然，不過現在想來能夠及早發現真是幸運。

第三大困擾～

啃咬

「咬東西是狗的天性！」

話雖如此，但愛犬經常會因為誤吞或誤食而喪失性命。

本章將簡單介紹狗狗愛咬東西的原因，以及解決的方法。

check!

你有沒有這些行為？

- [ ] 狗狗在的地方散亂放置牠會想咬的東西。
- [ ] 沒有給狗狗充分享受啃咬樂趣的玩具。
- [ ] 狗狗咬壞東西後，你曾激烈開罵。

為什麼辦不到？

咬東西是狗狗理所當然的行為 必須根據事實找尋對策

狗狗天生就會咬東西，特別是未滿3歲的狗，這方面的欲望更是強烈。

如果是養在室內，飼主多半沒在狗狗居住區域放置可咬的東西，於是狗狗會咬對人類來說「不能咬」的東西（例如拖鞋或家具）。

養在戶外，多數狗狗都會啃咬破壞庭院木頭或園藝物品等，以滿足欲望。

話雖如此，如果放任狗狗亂咬，不但會造成生活問題，還會害狗狗暴露在危險之中。

事實上，有不少意外都是因為狗狗亂咬東西所造成，例如吞下反彈的跳跳球而窒息，咬破CD盒吞下碎片，造成肛門破裂等。下一頁開始的內容請務必仔細閱讀。滿足狗狗啃咬欲望的同時也要擬定對策，避免狗狗咬了不該咬的東西。

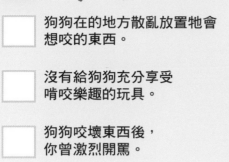

LESSON 3 滿足啃咬需求

（想要避免不希望被咬的物品被咬，關鍵在於要先滿足狗狗的啃咬欲望。這堂課還要教你讓狗狗學會「給我」，有助於讓狗狗放開不希望被咬的東西。）

1 準備玩具！

隨時在狗狗身邊擺放可以咬的玩具等物品。注意不要老是擺放同樣的東西，狗狗會膩，因此盡量準備 10 個左右輪流替換最佳。

啃咬玩具和玩樂玩具要分開

除了準備潔牙棉繩、皮骨、KONG 等啃咬專用的玩具輪流交替著給狗狗咬，另外也要準備玩耍用的玩具與之區隔，只在與人一起玩的時間使用。

〈玩樂專用的玩具〉

不管是球或者玩偶，只要狗狗喜歡，什麼都可以。不過要注意塑膠類製品、狗狗會吞下去的小東西，或者具有小零件的物品很危險，請務必避免。使用身旁現有的東西，比如在棉質工作手套中塞滿棉花後綁上繩子，或者在襪子裡塞進網球等手工製品，狗狗也會很開心。

其他

在棉質工作手套內塞滿棉花後綁上繩子（下），或將襪子裝入網球（上）等，利用身邊現成物品製作啃咬玩具也很適合。

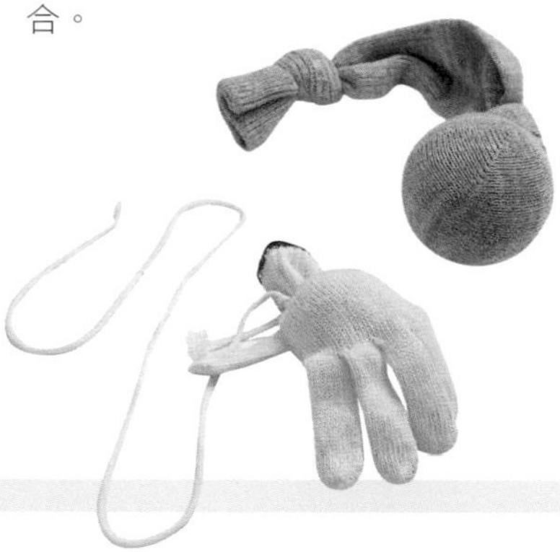

玩具

球或玩偶都 OK，只要避免易碎物品，或會被吞入的小東西，或裝有小零件的物品，這些很危險。

〈啃咬專用的玩具〉

選擇狗狗能夠長時間享受咬東西樂趣的物品，譬如 KONG 等，可讓狗狗專注拉扯塞在裡頭有口感的皮骨或零食。潔牙棉繩是能夠趁著啃咬時清潔牙齒的聖品。也可塗上讓狗狗更愛咬的犬類專用起司。

潔牙棉繩

啃咬玩耍同時又能清潔牙齒，真可謂是聖品。為了讓狗狗感興趣，可以把弄碎的零食塞在繩結縫隙間。

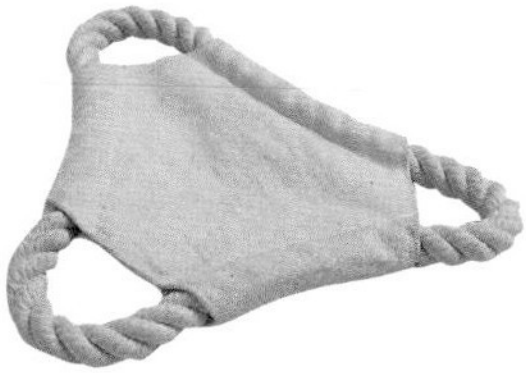

皮骨

可以花時間啃咬的皮骨有許多素材、口味和形狀，從中挑選狗狗喜歡的，建議挑選較大尺寸，既能滿足啃咬需求也比較安全。

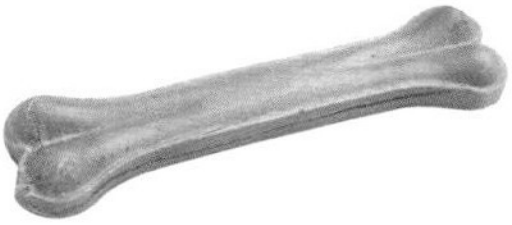

KONG

KONG 中間的洞可以塞零食讓狗玩，這類玩具適合用來滿足狗狗的啃咬欲望，牠會為了吃到裡面的東西而絞盡腦汁，也算是一石二鳥。

小心狗狗吞下寶特瓶的塑膠蓋！

2 滿足啃咬欲望的玩法

使用啃咬玩具陪牠玩。可別只把玩具給牠就沒事了，偶爾還要動一動或拉扯。陪狗狗一起玩耍更能夠滿足牠的欲望。

KONG 篇

教導狗狗如何獨自開心玩耍

1 在 KONG 中塞滿零食

當著狗狗面前把肉條等零食塞進 KONG 裡。一開始要塞得讓狗狗容易取出。

2 給狗狗聞味道

拿到狗狗鼻子前面讓牠聞聞味道，引起牠的興趣。

3 讓牠一邊玩一邊咬

直接上下左右移動或投擲 KONG，讓牠邊玩邊咬。

4 試著讓牠自己玩

讓牠練習自己取出零食吃。

玩具篇

教會牠興奮時也能做到「給我」

1 向狗狗秀出玩具

首先向狗狗展示玩具的好玩之處，移動或搖晃以吸引牠的目光。

2 讓狗狗咬

拿到狗狗身邊，邊玩邊讓牠咬，並稍微拉扯。

3 把玩具固定在膝蓋上，讓狗狗鬆口

玩到一半，把玩具固定在膝蓋上，讓牠鬆口放掉。詳細做法可參考 P.125。

4 拿高玩具

狗狗鬆口後，邊說「給我」邊舉高玩具，等狗狗冷靜下來後再重覆玩。

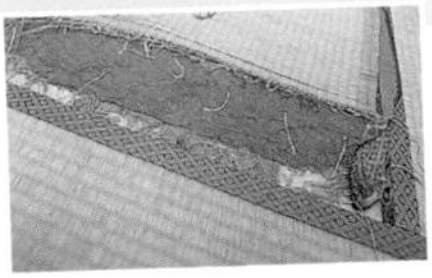

和室拉門的軌道或地板
或許是木頭微妙的凹凸口感別具吸引力。要經常噴上防止啃咬的噴霧等東西預防。

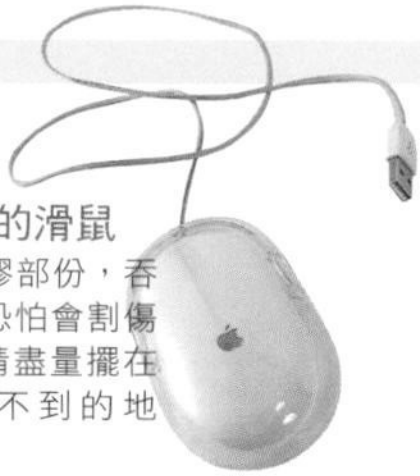

電腦的滑鼠
咬破塑膠部份，吞下碎片恐怕會割傷腸胃，請盡量擺在狗狗搆不到的地方。

襪子等衣物
因為上面有讓狗狗安心的味道，牠可以藉由啃咬獲得安全感。要確實收好，遠離狗狗。

園藝用格子
木頭咬起來的口感及格子部份鬆散的結構，都會挑起狗狗的破壞慾，總而言之絕對不要擺在狗狗的地盤上！

塑膠製瓶罐
有些狗狗喜歡咬寶特瓶等塑膠製品時發出的聲響，在牠還沒咬之前，快點拿去回收。

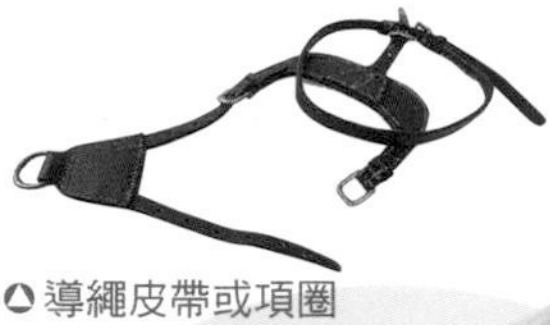

導繩皮帶或項圈
收納時要注意擺在不會被咬的地方，有時牠會去咬其他狗戴在身上的皮帶或項圈，要小心。

尿布墊
會飄動加上有獨特的咬感，對狗狗來説充滿魅力。在某些情況下，更換尿布墊種類有助於減少啃咬情況。

圍籠
木製品會引起狗狗的啃咬慾，建議避免。塑膠製品咬壞了會出現鋒利的碎片，很危險，因此也要避免。

玩具
一下子就咬爛的東西不適合給狗咬，必須挑選能夠長時間享受啃咬樂趣的物品。

您家的愛犬有沒有咬這些東西？

狗狗身邊有不少咬下會發生危險的物品。訓練的同時，也要收拾好這些被咬到會造成麻煩的物品。

花盆
狗狗最喜歡咬花盆邊緣或底部。吞下碎片會有危險，因此也要小心。

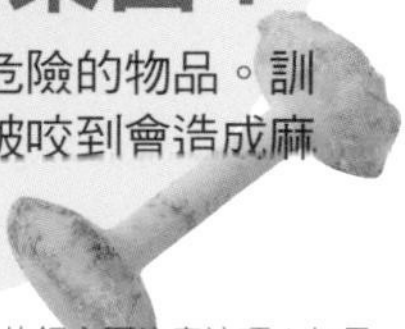

啞鈴
正在減肥的飼主要注意這項！如果是塑膠製品，狗狗很可能誤吞碎片造成危險，必須小心。

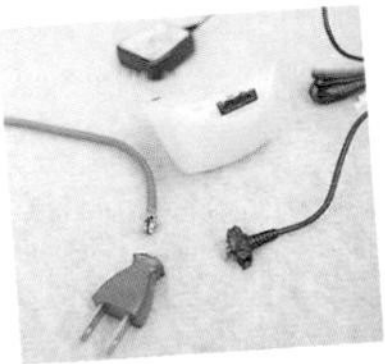

電器用品的插頭
恐怕有觸電危險，因此絕對要禁止想要咬插頭的狗狗靠近。被咬過的要立刻更換。

座墊
吃下太多座墊內的棉花，恐怕會造成腸道阻塞，要小心。

MD 片等
很容易折斷，如果不小心吞下會割傷腸胃，再加上體積小，有的狗狗很可能整片吞下。

冷氣室外機的管線
冷氣不對勁，有可能是狗狗咬了管線。恐怕會導致觸電，很危險！

木製家具
一旦嚐到咬木頭的快感，家中所有木製家具都有可能被咬。給牠其他素材製作的玩具吧。

拖鞋或涼鞋
可能因為飼主的味道深深滲入這些東西裡頭，能夠帶給狗狗安全感。給牠類似的玩具也是一種方法。

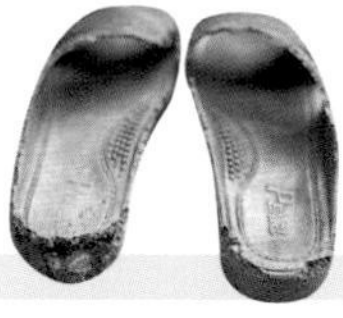

植物、花
黃金葛等觀賞植物、鬱金香等由球根培養的植物很多都有毒性，因此要小心。

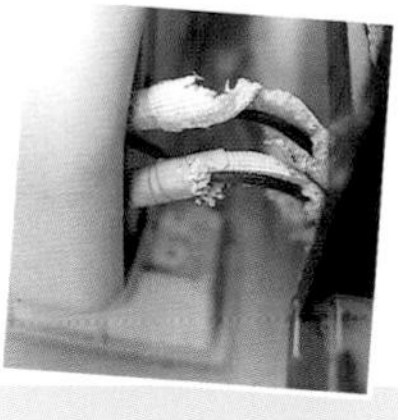

不希望啃咬，就要確實收好

除了滿足狗狗咬東西的欲望之外，重要的是也要把牠想咬的東西確實收好。首先找出狗狗喜歡咬哪一類東西，確認喜好，接著在這原則下把狗狗曾經咬過，以及可能喜歡咬的東西確實收藏在牠搆不到的地方。如果無法從狗狗的生活範圍把那東西挪開，可噴上狗狗討厭的噴霧或辛香味料等預防，不過這方法必須經常補噴，否則就沒有意義了。偶爾忘記塗噴，狗狗會時時去確認有沒有噴霧或辛香味料味道，反而使牠更執著去咬。

另外，當狗狗已經在忘情啃咬時，不要輕易怒斥牠。如P.9說明的一樣，狗狗會把斥責解讀為飼主的關注，因此會反覆這麼做。如果狗狗是現行犯且懂得「給我」指令，就沒什麼問題，但遇到想要護衛自己物品的狗狗時，飼主若出力搶奪可能會受傷。另外一種方法是可用食物交換，不過如果交換太多次，狗狗可能會為了得到食物而咬，因此這方式我不建議。最好的方式就是預防。當狗狗正咬著東西時，對牠說：「要不要去散步？」表現出狗狗料想不到的態度，牠很可能放開正在咬的東西，因此這招在應急時可以派上用場。

最後，狗狗愛咬東西並不是負面的原因，咬東西是身體健康的證明。另外也可根據狗狗咬的物品種類作為挑選玩具的參考。別拘泥小節，以狗狗的身體為優先考量，找出合適的方法對應吧！

常見的狗狗管教煩惱

啃咬篇

方法卻不適用於我家狗狗，
例子應該不少。
一一解決煩惱吧！

噴上苦味劑也沒用

我試過在不希望被咬的東西上噴苦味劑，卻被牠舔了，一點效果也沒有。

找出狗狗討厭卻安全的味道

首先要找出狗狗舔了安全卻又是牠討厭的味道。如果想塗上這種東西當作對策，每次都要100％塗滿，持續一個月應該會出現效果。假如偶爾忘了塗，狗狗會覺得好玩而變本加厲，必須注意。另外多準備些應付啃咬用的玩具也有效。選擇重點是安全、尺寸夠大不會誤吞且不容易壞的東西。為了避免狗狗厭倦，每天多交換幾次。

咬籠子

怕牠咬壞室內家具而把牠關進籠子裡，牠卻開始咬籠子，讓我頭痛。

準備4～5個比籠子更有魅力的啃咬玩具

你有沒有在籠子中放入給狗狗咬的玩具或皮骨呢？只要隨時有可以咬又有趣的東西，應該就不會再專注於籠子了。給牠咬的玩具盡量準備10個左右，每天輪流給牠4～5個，狗狗應該不會太快厭倦。再者，玩樂用玩具和啃咬用玩具要有所區別，玩樂用玩具只在玩耍時間給牠。

解答 Q&A

特地想辦法處理了，
這種失敗的
根據實例

修好了又咬

我把咬壞的地方重新修補了，牠卻咬得更賣力。我該怎麼做才好？

在被咬的地方擺上狗狗不喜歡的東西

看來狗狗已經養成咬那兒的習慣了。飼主是不是太在意那地方，所以每次都會罵狗狗？這樣反而讓狗狗興奮，成了牠更加變本加厲的原因，因此要視狗狗的情況，或許避免斥責較佳。建議試試在被咬處旁邊擺上狗狗討厭的物品，或者塗上牠討厭的味道。

KONG無效

我照著建議給牠KONG等東西，但牠咬爛後很快就膩了。一般玩具撐不到3分鐘就被咬壞。

建議用黑色的強力KONG多給牠一些種類，花心思不讓牠厭倦

KONG有S到XL等尺寸，馬上就壞掉可能是尺寸對愛犬來說太小。就算是小型犬，只要活力充沛，也可選擇大尺寸。可挑選比紅色KONG更堅固的黑色強力KONG、犬用輪胎、橡皮、牛蹄或骨頭等。有咬感的東西不能只準備一個，一次給牠2～3個，以避免牠厭倦。

床舖、棉被滿是調味料！三更半夜的超慘經驗，叫人欲哭無淚

幾年前的某天夜裡，我下班回家累得要命，一進入玄關就聞到一股油味，心裡覺得奇怪，走向廚房，發現調味料櫃子的門全被打開，裡頭的油、醬油、醬汁、通心麵、麵粉、麵包粉、魚乾等所有容器全被咬爛，內容物撒了一地！受害的不只是廚房，寢室的棉被上也遭波及，因為貓踏到撒在地上的調味料後到處走，所以連櫃子上等高處也遭受污染……。

由於那陣子我正好在教ＭｏＭＡ拉扯門把上的繩子開門，我卻忘了這點，把毛巾掛在櫃子的門上就出門了。於是ＭｏＭＡ照我所教拉扯毛巾、亂咬裡面的東西，才會導致這場災難。

雖說把東西咬得一地的是狗狗，但讓狗狗做出這件事的終究是我。那一天我埋怨著自己，一邊掉淚一邊打掃到天亮……。

第四大困擾～

討厭理毛

討厭散步回家後要擦腳，
剪指甲的時候會躁動，
討厭刷毛更討厭清耳朵！
但是清潔是管理愛犬健康的必要手段，
本章要教你一些小訣竅。

check!

你有沒有這些行為？

- 壓住狗狗強迫清理完畢。
- 清潔時沒有給狗狗零食哄牠們開心。
- 清潔工作非得一鼓作氣完美結束才甘心。

為什麼辦不到？

「強迫&一鼓作氣」是失敗的原因，花點心思讓狗狗愛上理毛

刷毛和剪指甲等清潔工作，不僅對於狗狗的健康管理很重要，也是飼主與狗的身體接觸最佳的時機。接觸身體可以及早發現疾病，對於上年紀狗狗的照顧也會容易許多。

可是多數狗狗討厭理毛，這多半是因為牠們感受到了飼主要動手時的緊張。

對狗狗來說，刷子和棉花棒等只是陌生工具，牠不曉得那些東西能夠保持自己的身體乾淨，所以討厭也是理所當然，因此進行清潔同時可給牠零食，或告訴牠這是撫摸的延伸，會很舒服。讓狗狗覺得開心很重要。另外，不要想一次把多種清潔工作做完，比方說指甲可以一天一指剪起。慢慢進行，狗狗比較不會排斥，這就是秘訣。

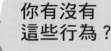

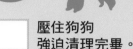

skipper
SHAMPOO
Lavender
Tea Tree
Flower Remedy
Cherry Plum
Clematis
skipper
SHAMPOO

Lesson 4 克服討厭理毛

（保持狗狗乾淨健康少不了清潔整理工作。狗狗不討厭理毛工具或理毛程序，才能順利進行。重點在於讓狗狗愉快。）

1 所有理毛動作的共通訣竅？

刷毛、剪指甲、清耳朵……狗狗的清潔項目種類繁多，基本動作沒做到就無法順利進行。首先介紹所有清潔動作執行時的重點。

在高台上進行

在餐桌等高台上清理小型犬較能夠限制行動。另外也可繫上導繩或由其他人幫忙固定身體。餐桌鋪上防滑墊較能夠安心。

狗狗在地板上時，要綁上導繩

整理狗狗時，限制行動比放任自由容易進行。狗狗在地板上時，建議綁上導繩比較方便。

整理前充分玩耍

在限制狗狗行動之前，先消耗掉牠的體力也很有效。先帶牠去散步或者陪牠玩玩具、玩球等，讓狗狗疲倦到某個程度再來清潔也是不錯的方法。

2 不希望狗狗害怕剪指甲……

為了避免狗狗討厭剪指甲，重點是從小就要養成習慣。已經討厭的狗狗也可先花一個禮拜時間從適應工具開始有耐性地訓練起。

※直到狗狗願意讓主人剪指甲之前，都不要一口氣把指甲剪完。剛開始可以一天剪一指，就算要花上幾個禮拜、幾個月時間，才能使狗狗不再害怕，也是值得的。

準備的東西

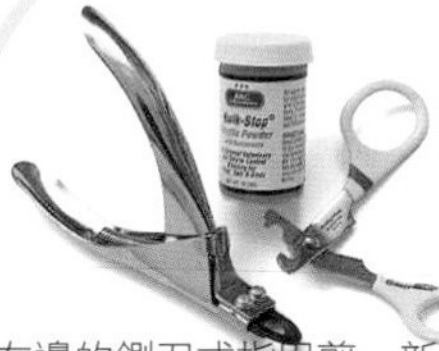

左邊的鍘刀式指甲剪，新手也能輕鬆使用。剪刀式指甲剪用慣後也很方便。為了預防萬一，止血粉請一併準備。

1 讓狗狗吃飯時可以看見工具

吃飯時，把指甲剪放在狗狗的視線範圍內，培養狗狗對指甲剪的好印象。

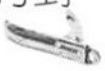

2 零食時間也一樣

抱著狗狗，一邊給零食，同時讓牠看到指甲剪，這動作可培養狗狗習慣剪指甲。

3 指甲剪對著指甲，然後給零食

給零食的同時把指甲剪對著狗狗後腳，讓牠對於這舉動留下好印象。

4 習慣後，試著剪剪看

由後腳先開始，直到狗狗習慣為止，一天剪一指。一次進行一點點，重點在於避免狗狗心生抗拒。

POINT

兩人一起進行時
一人把零食或玩具拿到狗狗的鼻尖吸引牠，另一人負責剪指甲。

一個人進行時
把 KONG 等玩具夾在雙腿間吸引狗狗注意，穩穩按住牠的身體和腳之後才進行。

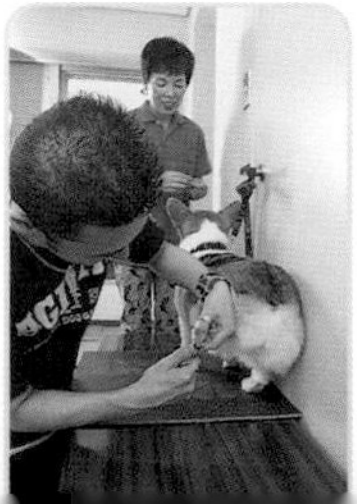

務必從後腳開始
由前腳開始，狗狗容易害怕，因此從遠離狗狗視線的後腳先開始。

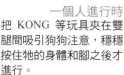

3 避免讓牠討厭刷毛

整理工作之中頻率最高的就是刷毛。首先選擇適合狗狗的刷子。知道正確的使用方式後，用零食等讓狗狗開心，並讓牠習慣刷子停在身上的感覺。用了不適合狗狗毛質和皮膚的刷子，多半也是造成牠討厭理毛的原因，請務必當心。

1 讓牠習慣使用刷子

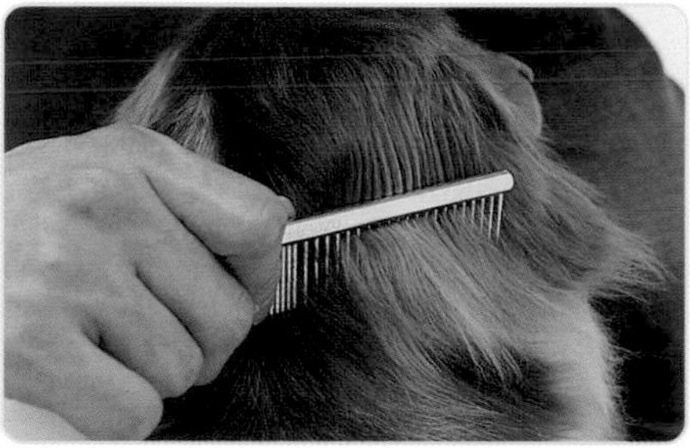

梳子先寬齒→後細齒

首先使用寬齒梳解開毛團，接著再用細齒梳順毛，完成。

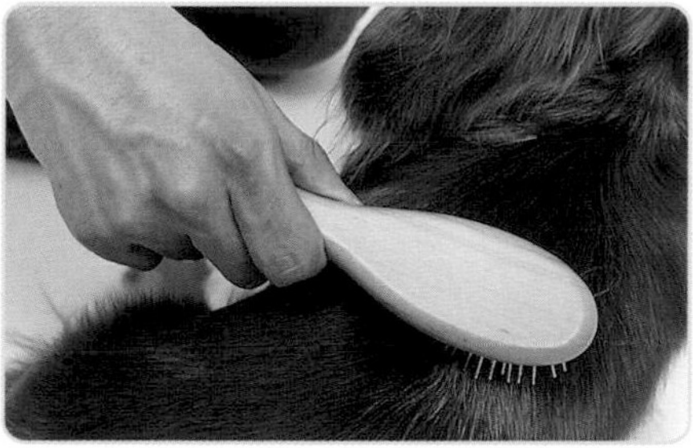

針刷以梳開頭髮的方式理毛

感覺像要梳開自己頭髮一樣自然握住，順毛使用。

準備的物品

配合毛質與用途，從獸毛刷（豬鬃等）、針梳（或刷毛板）、刷毛手套、梳子之中挑選合適的。

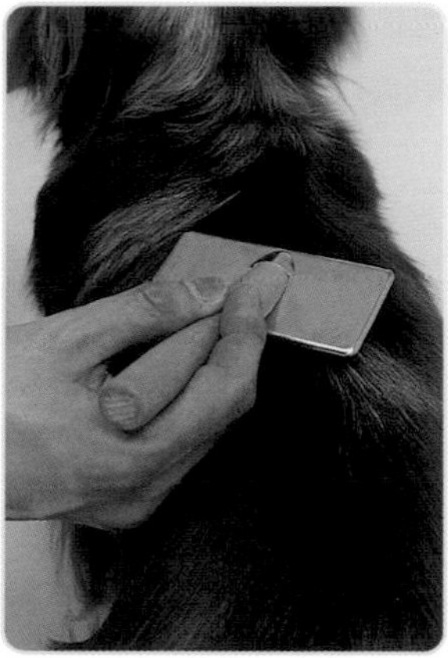

用握桌球拍的手勢

以握桌球拍的手勢握住刷毛板，沿著毛流方向輕刷。

2 讓牠習慣刷子

一邊給牠零食一邊把刷子擺在牠身上，這是為了讓牠對刷子留下好印象。

POINT

先在自己的皮膚上試刷

先將刷毛堅硬的刷毛板或梳子抵在自己的皮膚上，確認施力大小後，以不會痛的力道替狗狗刷毛。不能只是用力刷除掉毛，從頭到尾都要輕輕的。

3 按照順序幫牠刷毛

狗狗習慣刷子後，由胸口或背部等狗狗不易排斥的地方開始梳起。

POINT

逐漸減少使用零食

老是用零食進行這些訓練，狗狗可能會變成沒有零食就不願意理毛。為了預防這點，等狗狗習慣有零食的清理之後，下個階段就是先理毛，等狗狗多少願意讓飼主動手才給零食，習慣這個階段後再進入下一步。狗狗願意讓飼主增加清潔內容（肯刷毛、肯剪指甲等等）就給零食。這樣一來零食的角色從「賄賂」變成「酬勞」，久而久之，就算沒有零食，狗狗也願意接受理毛。

4 避免狗狗討厭清潔耳朵

特別是垂耳類的狗狗一旦疏於清潔，就會引發耳漏或發炎，必須小心。這裡我們也使用零食，先讓狗狗習慣觸摸耳朵吧。

準備的東西

事先備妥狗狗專用耳朵清潔水和脫脂棉。

1 給牠零食同時摸摸耳朵

抱著狗狗餵牠零食時，先摸摸身體，再來是頭部，接著摸摸耳朵。

2 給牠零食同時翻開耳朵

一旦狗狗習慣觸摸之後，給牠零食，同時翻看耳朵。

3 靠近瓶子

一邊給零食一邊把清理耳朵用的清潔水罐子抵在耳朵上，讓牠習慣觸覺。

4 滴入清潔水

1～3 的步驟習慣後，差不多可以開始清耳朵。翻開耳朵，滴入清潔水，等狗狗搖晃耳朵甩掉髒東西。

5 用脫脂棉擦拭

仔細揉揉耳朵根部後，拿脫脂棉吸掉多餘的清潔水，順便擦去耳垂上的污垢。

5 該如何清潔屁股？

每次狗狗排泄都會弄髒屁股附近的毛。為了將污染減到最低，我建議剪掉肛門四周的毛，這樣一來，排泄完只要用面紙輕輕擦拭就能清理乾淨，也能減輕每天清潔工作的負擔。

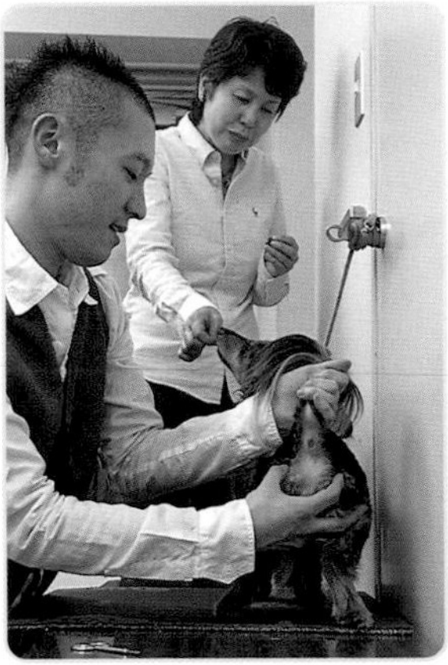

1 給牠零食同時觸摸屁股

餵牠吃零食，同時觸摸屁股的尾巴、肛門附近，讓牠習慣被觸摸。

準備的東西

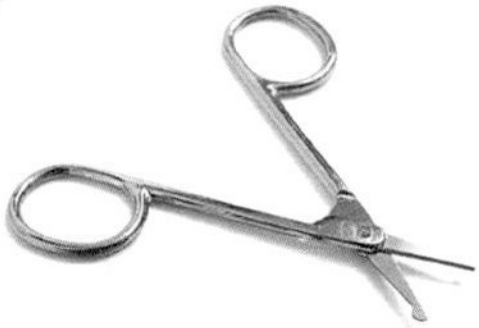

人類的鼻毛剪最適合。圓形刀刃可避免受傷。

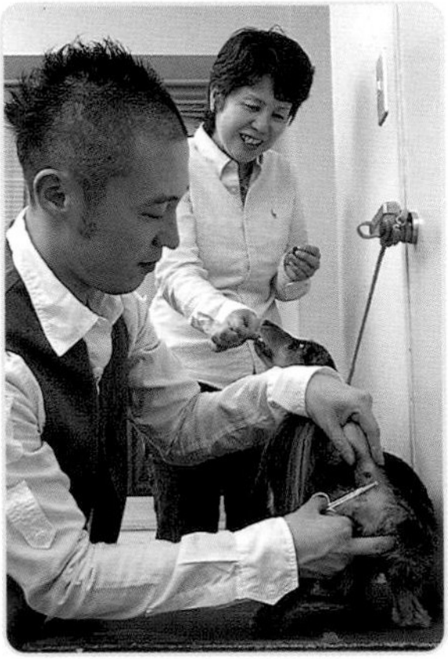

2 給牠零食同時剪毛

餵牠吃零食，同時穩穩按住腰部或尾巴，一邊剪毛。

POINT 毛質不同，整理方式也不同

【長毛】
用熱毛巾擦拭全身，用針梳鬆開毛團之後，再以梳子整理裝飾毛。

【雙層毛】
用熱毛巾擦拭全身，以針梳或刷毛板刷開毛團後，再用梳子整理表層的毛。由於毛量偏多，換毛季節要盡量梳掉舊毛。

【絲質毛】
用熱毛巾擦拭全身，再用刷毛手套順毛，以獸毛刷（豬鬃刷）刷出亮澤度。

【剛毛】
基本上和長毛的處理方式相同。狗狗掉毛季節不妨交給寵物美容師，輕鬆簡單。

常見的狗狗管教煩惱

清理篇

身體部位？徹底解決你的煩惱，
又健康～。

討厭剪指甲

有過一次剪指甲失敗的經驗後，牠每次看到指甲剪都會逃跑。

把指甲剪擺在狗碗旁邊，讓牠產生好印象

這類失敗的例子很多。首先請趁著狗狗用餐時，把指甲剪放在飯碗旁邊，讓牠適應，這個階段花上2～3個月也沒關係。接著等牠不再害怕剪指甲的工具後，再透過訓練讓牠逐漸習慣剪指甲。如果狗狗不喜歡剪指甲，為了避免牠產生飼主＝指甲剪的印象，最好把剪指甲工作交給寵物美容師進行。

飼主無法單獨理毛

我在牠肉墊上塗了乳液準備剪腳上的毛，但是我一個人抱不住躁動的牠，更別說清理了。

嘗試兩人一起動手或使用導繩、餐桌等方法

有人能夠幫忙一起動手最好。一個人負責抱住狗狗，另一人負責清潔，只要建立分工模式，清潔工作自然輕鬆許多。或也可用導繩綁住狗狗，小型犬可以擺在餐桌等高台上，花點心思避免狗狗亂動吧。

解答 Q&A

難以清理狗的
讓狗狗漂亮

刷子一靠近就低吼

老公幫牠刷毛時，大概是力氣太大會痛，狗狗會嗷嗷叫。請告訴我施力的大小，以及如何選擇適合毛質的刷子。

把刷子抵在自己的手臂上試試觸感

關於施力大小，首先建議用自己的皮膚試試。刷子的種類很多，根據毛質與皮膚狀態，選擇的方式也不同，因此可以趁著前往獸醫院或寵物美容院等地方時請教工作人員。

一擦腳就低吼

散步結束回到家，老公幫牠擦腳就會吼叫，而我幫牠擦腳就會被咬。每天都這樣實在令人傷腦筋。

丈夫願意為狗擦腳，就把這個任務交給他 如果妳自己也想擦，可以找人協助

如果妳丈夫擦腳不會有問題，擦腳工作或許可交給先生負責。但如果妳自己也想擦，建議可找犬行為治療專家商量，並請教擦腳方法。狗狗既然會咬人就不要勉強進行，否則恐怕有危險，不要忘了這點。

指甲剪太深引發流血……只要看到指甲剪就會吠叫的狗狗

我的另一隻愛犬——混種狗哈比相當討厭指甲剪，因為我曾經不小心剪太深害牠疼痛。但是像我這樣有過失敗經驗的人，也可以按照前面幾頁介紹的方法，讓狗狗瞭解清潔完會有好事發生，仍有機會讓牠願意剪指甲。

事實上，哈比現在見到指甲剪仍多少會露出厭惡的表情，不過牠記得剪完指甲後有特別的獎勵，因此現在願意乖乖讓我剪。

面對討厭整理的狗狗時，大多數飼主都會採取強迫手段，焦急地想要完成，但是剪指甲必須一天一指有耐性地讓狗狗習慣，這點很重要。不順利也絕對不能焦慮，這是邁向成功最快的捷徑。

剛開始的一、兩個月，溫柔地讓狗狗逐漸習慣清潔完就能夠輕鬆。你也可以選擇強行動手，但這表示往後幾年都要不斷苦戰。選擇哪一條路好，請仔細想清楚。

第五大困擾～

討厭看家

知道自己要單獨看家就開始吠叫，
趁著家人不在就惡作劇，
只是去隔壁房間也會跟著來……。
受到狗狗喜愛固然很開心，
但是牠如果能夠乖乖看家，更讓人放心。

為什麼辦不到？

狗狗不習慣飼主不在家，會累積許多看家壓力

如果狗狗能夠永遠和飼主在一起當然很好，問題是日常生活裡，有許多情況必須留下狗狗獨自看家。

不習慣飼主不在的狗狗偶爾獨自看家會焦慮，開始破壞身邊的東西，引發種種問題。飼主或許很困擾，但狗狗自己的壓力也不小，更嚴重的情況甚至會發展成「分離焦慮症」。

為了避免這類問題發生，重點在於要盡量讓狗狗習慣飼主不在家。另外，許多狗狗會敏感察覺飼主化妝更衣等外出準備，而意識到即將獨自看家，因此飼主必須若無其事地進行外出準備，這點很重要。而為了讓狗狗能夠開心看家，別忘了給牠一些打發時間用的玩具。

你有沒有這些行為？

- □ 你總是和狗狗同進同出，狗狗不習慣自己看家。
- □ 出門前後的「我出門了」、「我回來了」等舉動總是太誇張。
- □ 狗狗看家時，你沒給牠能夠打發時間的玩具或皮骨。

LESSON 5 克服討厭看家

讓狗狗習慣飼主不在家、看家前先將牠的體力消耗到某種程度、事前準備使牠開心度過看家時間，這三大要素是免除狗狗看家壓力最重要的關鍵。

1 改變日常習慣

每回出門前化妝等例行準備，會造成狗狗不安。只和單一飼主緊密相處，使得狗狗變得有點類似跟蹤狂，這些平常的習慣都是造成狗狗討厭看家的原因。試著進行訓練，打破這些習慣吧。

消除即將外出的訊號

突然和牠玩耍

這時候突然和牠一起玩，反覆幾次後，狗狗就不會對於飼主出門的準備過度反應。請重複做幾次但待在家裡不外出。

自然地準備

穿上外套、拿起包包等外出前的動作會讓狗狗以為自己又要獨自看家了。

照顧狗狗的工作要由全家人一起分攤

如果狗狗會像個跟蹤狂一樣緊跟著單一飼主，即使有其他家人在，狗狗仍會因為飼主不在而不安。此時請盡量將照顧狗狗、陪牠玩耍的工作分攤給家裡每個人，避免形成單一飼主的局面。

只要家裡有人在就沒關係，這種狀況能夠減輕狗狗看家的壓力。

短時間外出也要給牠打發時間的東西

出門倒垃圾之前，要給狗狗能夠打發時間的東西。這招急就章可用在討厭看家的狗狗身上。重複幾次之後，狗狗應該會不再討厭飼主出門。

趁牠在玩時出門

趁著狗狗熱衷於玩KONG 或皮骨時，若無其事地出門。

給皮骨或 KONG

即使外出時間不長，出門前也要給牠皮骨或KONG 等能夠花時間玩的東西。但如果只在狗狗獨自看家時給牠 KONG 或皮骨，牠會產生「KONG ＝看家」的印象，因此平常也要給牠KONG 或皮骨。

外出前充分運動

狗狗看家時吠叫或躁動的原因，或許也和體力過剩有關。事先帶牠出門散步或玩耍，消耗體力，讓牠累到看家時剛好睡著。

散步時讓牠盡情奔跑、玩球，什麼都OK。使用有綁繩的玩具，可以在不消耗飼主體力的情況下和狗玩耍，消耗狗狗的體力。

2 教會牠看家時如何打發時間

教導狗狗飼主不在時獨自玩耍的方法。除了這裡介紹的內容之外，筆者也推薦 KONG、皮骨、能用鼻子轉圓盤得到零食的 Dog Spinny 互動轉盤等。替狗狗找尋能夠玩很久的東西吧。

尋寶 ～杯子戲法～

準備 2 個杯子，把零食藏在其中一個杯裡讓牠找。一開始先讓牠看見零食擺在哪裡，習慣後就讓狗狗自行思考找出答案，這樣不僅能夠殺時間還能夠動腦，可謂一舉兩得！

在杯子裡擺入零食

準備2個杯子，零食放入其中一邊，將杯子倒扣在地上。

讓狗狗確認杯子

一開始先當著狗狗的面放入零食，讓牠聞，教牠怎麼玩。

讓牠找零食

再度扣上杯子，任由狗狗自由行動，找出零食吃掉。

這次給牠猜

習慣步驟 1～3 之後，挪動杯子位置讓牠找，不要讓牠知道零食藏在哪個杯子。

找到了就給牠

狗狗找到零食就給牠吃。習慣玩法後，改為不要讓狗狗看到零食藏在哪裡的玩法。

尋寶 ～毛巾遊戲～

使用舊浴巾等物品挑戰尋寶，找出KONG或皮骨等狗狗能夠長時間熱衷玩耍的物品。一開始先讓牠看到東西藏在哪裡，讓牠學會遊戲怎麼玩。

讓牠先聞聞 KONG 等物品

事先準備好幾條毛巾，讓狗狗專心聞聞 KONG 或皮骨等要藏的東西。

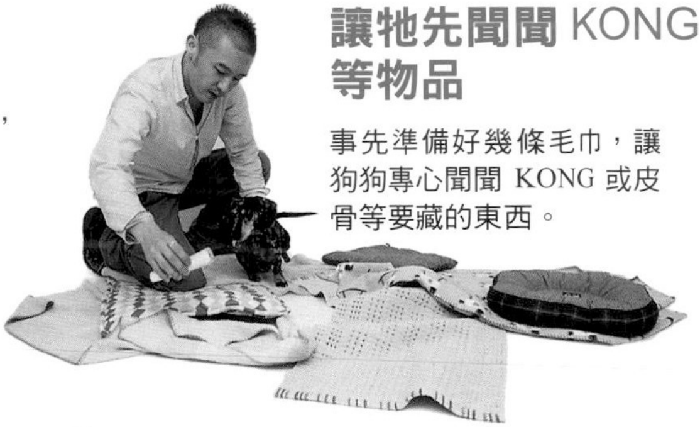

讓牠看見你在藏

一開始先教牠怎麼玩，因此必須當著狗狗面前藏東西。

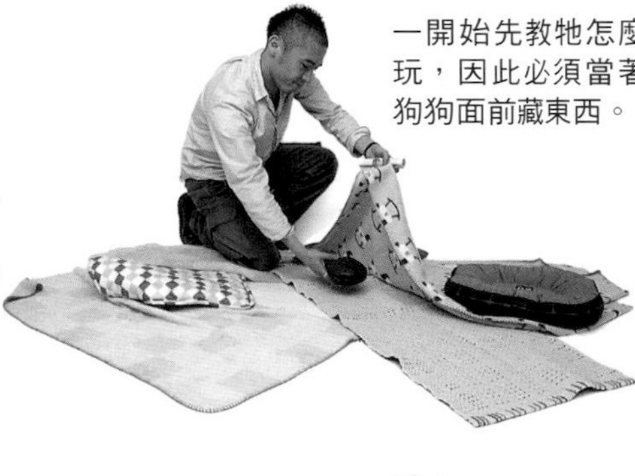

放開狗狗讓牠找

準備好之後，放狗狗自由行動，找出皮骨或 KONG。

找到就給牠

狗狗找到了就直接讓牠玩。習慣後，藏東西時不要被狗狗看見。

※這裡介紹的遊戲只推薦給習慣飼主不在家的狗狗，不適用於獨自看家時經常惡作劇、亂吃東西的狗狗。另外，如果狗狗極度討厭單獨看家，可參考 66～67、70～71 頁的內容反覆練習。

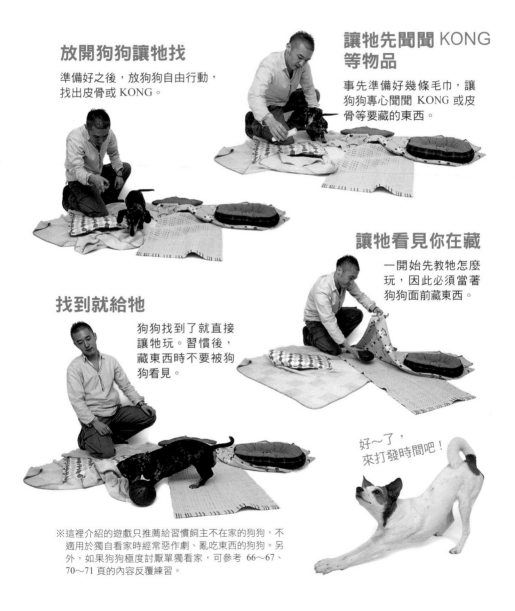

3 讓狗狗習慣飼主不在

〈在寬闊空間較安心的狗狗〉

從「狗狗能夠看見飼主，但無法靠近飼主」開始練習。這時的獎賞就是飼主回到牠的視線範圍內，因此步驟 2～4 不使用零食也 OK。

和柵欄一起陪在身邊

把柵欄立在門前，隔離狗狗，飼主就待在旁邊。

撒食物

把食物弄碎撒在地上。狗狗願意吃就 OK。

趁牠吃完前回來

趁牠吃東西時在房內四處移動，並馬上回到牠身邊。

稍微離開一下試試

往廚房、廁所、浴室等看不見的近處移動，又馬上回來。

〈在狹窄空間較安心的狗狗〉

如果狗狗喜歡狗屋勝過寬闊空間，則可嘗試這個訓練方法，
在狗屋外蓋上罩子，讓狗狗安心待著。

讓牠進狗屋

在柵欄裡放入可用來打發時間的KONG等，讓狗狗進去後關上門。

蓋上外蓋

蓋上一大塊布，遮住狗狗的視線，讓牠安心待在裡面。

陪在牠身邊

在蓋著布的狀態下待在牠旁邊。
可坐著看雜誌打發時間。

嘗試離開

試著離開一會兒又馬上回來。
離開時間可長可短，隨機安排。

嘗試外出

等到狗狗習慣分離後，這次嘗試外出。走出大門後又立刻回來。

POINT

這兩堂課都必須將離開狗狗的時間由數秒延長至好幾倍，由於狗狗會感到不安，因此離開 3 分鐘必須回來 30 秒或 1 分鐘，觀察狗狗的反應，再試著離開 4 分鐘。隨機調整離開狗狗的時間。

狗狗管教煩惱

看家篇

情況獲得改善之前，都必須想得太嚴重，換個角度，其實不難解決！

外出時吠叫

只是出門丟個垃圾或買東西，牠就會叫。我雖然住在七樓，但那音量在樓下也能聽見，真的很傷腦筋。

外出時間不長也務必帶著牠一起出門，直到情況獲得改善為止

我想牠有分離焦慮症，建議找專家尋求協助，你也能夠藉此學到許多訓練方法。直到情況獲得改善。狗狗能夠乖乖待在家裡之前，就算只是出門丟個垃圾，都要盡量帶著牠一起外出，減少牠自己看家的時間。

看家時咬尿布墊

牠只有看家時會惡作劇。我按照書上說的給牠玩具和零食打發時間，牠似乎興趣缺缺而咬尿布墊，結果隔天在牠的大便裡發現尿布墊的殘骸。

如果原因在於無聊，要預先替牠準備能夠自己玩的物品

這情況可能是分離焦慮症，也可能是因為無聊。如果家人不在時牠沒有躁動，則原因很有可能是後者，這種時候多準備一些牠可以自己玩的東西，應該就能夠改善。比方說給牠塞了食物的KONG；為了得到裡面的食物，牠可以享受動腦樂趣；給牠皮骨，牠可以花時間啃咬，這些都是最適合用來打發時間的物品。最好預先準備4～5個這類物品，如果狗狗膩了還能夠找其他東西玩。

解答常見的

Q&A

直到討厭看家的
有耐性，別把情況
你會發現問題

看家時不吃飯

全家人都不在家時，牠絕對不吃飯。把食物放進柵欄後出門，回來卻發現牠連碰都沒碰。

把吃飯時間設定在家人出門前或回家後

有些狗狗只要飼主一不在、必須獨自看家時就不吃飯。如果有這種情況，必須趁著有人在家時給牠吃東西，吃完再出門。另外，如果狗狗不吃，馬上把食物撤走，告訴牠不是隨時隨地有東西吃，應該就能學會乖乖吃飯。

跟屁蟲

牠好像沒看到人就會不安，無論我在家裡走動或者去上廁所、洗澡，都一定會跟著我，讓牠獨自看家就馬上拉肚子，真是令人擔心。

讓牠逐漸習慣「與飼主分開」

照著68頁提過的要領，使用柵欄等東西打造「看得見飼主但無法靠近」的環境，由訓練牠習慣這點開始。

只要狗狗乖就馬上回到牠身邊，不斷反覆練習。在這過程中，狗狗自然會逐漸習慣與飼主分開。

Coffee Break!

因為分離焦慮症，我被迫帶著牠一起上下課結果被教授記住而無法找人代替點名…

我開始飼養臘腸狗MoMA是在大學時代。在38頁中我也曾經提過，MoMA當時有嚴重的分離焦慮傾向，只要我一不在家就會激烈吠叫。

我發現這點後，立刻開始進行訓練，症狀才逐漸獲得改善，直到MoMA完全不會亂叫為止，大約花了兩個半月的時間。這段期間，我請朋友幫忙照顧牠，或帶著牠一起去上課（我也因此被教授記住而無法找人代替我點名，很傷腦筋）。

我很早就注意到MoMA的分離焦慮症，卻還是費了番功夫才完全治好，光是想到如果發現得晚，恐怕會演變成更嚴重的狀況，就讓我毛骨悚然。

狗狗教養問題之中最難留下痕跡，也最難發現的就是「吠叫」。

因此我建議經常不在家的人最好假裝離開玄關，確認狗狗是否開始吠叫。

第六大困擾～

護衛的天性

平常明明是個好孩子，只要一給牠特定的零食或玩具，整隻狗就變了樣，甚至開始狂吠，有點恐怖……。有前述感覺的人必須知道「護衛」行為對於狗狗的意義。

check!

你有沒有這些行為？

- [ ] 在牠用餐時，強行拿走餐碗。
- [ ] 只要狗狗吠叫護衛東西，你就會過度反應。
- [ ] 沒有教會狗狗「給我」、「下來」等管教指令。

為什麼辦不到？

護衛喜歡的東西是狗狗的天性 試著找出牠的喜好、解除警戒

只要有人或其他狗要對自己喜歡的零食、玩具、睡床等出手時，為了護衛心愛的東西，有些狗會擺出威嚇態度。

因為牠覺得「可能會被搶走」而心生警戒，這是狗狗的本能，只有這種時候，飼主難以接近狗狗。狗狗本身也因為害怕東西被奪走而承受不少壓力。最好的方法就是訓練狗狗面對這種情況也不緊張。

每隻狗想要護衛的東西不一樣，不過大致上應該是食物、玩具、場所、人（飼主）這四類。有些狗護衛的東西可能是多數，不只一個。不要預設立場，先確認狗狗的喜好吧。

另外，只要飼主對狗狗護衛的東西出手就會被咬，束手無策時，這種情形建議找犬行為治療專家談談。

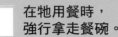

LESSON 6 緩和護衛態度

（護衛東西是狗狗的本能與天性。如果放任下去，甚至可能演變成只要飼主把手伸向狗狗喜歡的東西就會被咬，而狗狗自己也會因為老是處於警戒狀態而倍感壓力。及早開始訓練，養成牠不容易緊張的習慣。）

1 找出愛犬在護衛什麼！

狗狗想要護衛的東西不同，訓練方式也不同。首先觀察狗狗的行動，找出牠的喜好。想要護衛的東西大致會是食物、玩具、特定場所、喜歡的人等四種。有些狗狗偶爾會護衛令人百思不解的東西，因此最好避免預設立場。另外，知道狗狗的喜好也能當作挑選玩具的參考。

2 護衛的是主人時

這種狗狗只要看到其他人靠近飼主等等牠喜歡的人，或飼主顧著說話而冷落自己時，就會生氣、警戒或威嚇。必須趁著其他人或狗在場時給牠零食，讓牠對其他人的存在留下好印象。

由外人給狗狗零食

讓其他人給狗狗零食。這樣一來，狗狗會對對方留下好印象。

把零食交給外人

其他人或狗靠過來也不會低吟或吠叫，可以把零食交給其他人。

當著外人面前給狗狗零食

其他人或狗在場時，給牠零食。多進行幾次，牠就會對其他人留下好印象。

※膽小的狗最好避免這個訓練，否則勉強進行第 3 步驟，牠可能會咬對方，必須注意。

3 護衛的是食物時

接下來的課程是讓狗狗對人類的手產生好印象。從步驟 1 開始，訓練還沒有死守食物習慣的狗狗吧。

嘗試用手餵食！

給牠吃
3

拿食物給牠吃。反覆幾次。教導牠看到食物要保持冷靜。

2
從餐碗
拿出狗食

如果狗狗很乖很專注，沒有吠叫撲跳，就把食物拿出來。

拿著餐碗到
狗狗面前
1

把餐碗拿到狗狗面前。就算狗狗想吃也不要立刻給牠。等牠冷靜下來為止。

專欄

手被咬好痛！這種時候該怎麼辦？

1.握拳伸出

把食物握在手中用手指捏住，不讓牠咬走。

2.被咬也無視

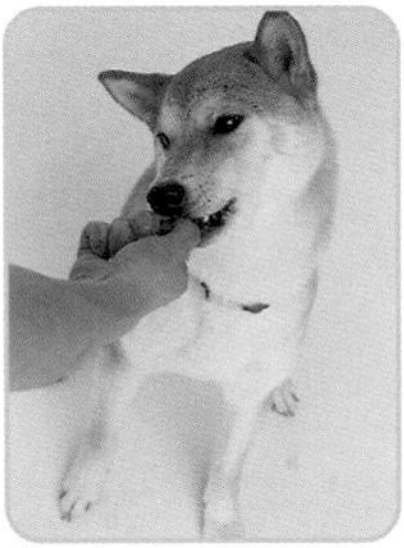

無視狗狗咬手、想用前腳撥開手指。繼續握住食物，等牠冷靜下來為止。

3.不咬就給牠

狗狗乖巧地舔舔、嗅嗅，就把手打開讓牠吃。

緩和牠對食慾的執著！

1 多擺幾個裝食物的餐碗

擺出幾個餐碗，每個碗裡放入一顆食物。這時狗狗吃掉食物也 OK。

2 偶爾耍詐不擺

有時候餐碗裡不放食物，以遊戲的感覺訓練狗狗，讓狗狗對伸向餐碗的手留下好印象。

3 等狗狗注視主人

習慣步驟 1～2 之後，接著進行下一個步驟。等狗狗冷靜下來注視主人，才把食物放入餐碗。

4 看主人才給

狗狗能夠靜下來看主人，才把食物放進餐碗裡給牠。

5 別忘了摸摸

吃飯時可輕摸狗狗的身體。以胸口、背部等較不排斥的部位為主。

6 再加點喜歡的東西

在牠吃東西時繼續放入零食，提昇牠對手的好印象。

教會牠「冷靜下來才能得到」！

1 把零食拿到牠面前

把零食拿到狗狗面前，牠會把鼻子湊過來確認味道。

2 安靜下來才給

只要牠安靜下來，哪怕只有一瞬間也好，立刻把零食給牠。重複幾次後，牠會學到只要靜下來就能得到零食。

3 以零食袋的聲音誘惑

習慣 1～2 的步驟後，繼續下一步，揉搓零食袋，發出聲音提高誘惑程度。

4 安靜下來才給

即使如此狗狗仍然很冷靜，就從袋子裡拿出零食給牠。

NG! 這樣做是反效果！！

強行取走餐碗

有些方法告訴你要趁著狗狗吃飯時搶走牠的餐碗，但這種突如其來的做法，會挑起狗狗的攻擊心，反而造成狗狗對食物的執著，最好避免這麼做。

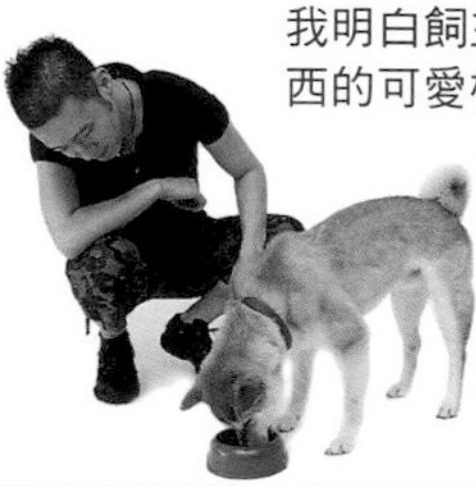

一直看著牠吃飯

我明白飼主想看著狗狗吃東西的可愛模樣，但這樣子狗狗會懷疑「食物會被搶走」而加快吃東西速度。就讓牠靜靜吃飯吧。

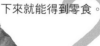

4 護衛的是玩具時

訓練會護衛玩具等物的狗狗學會「給我」。狗狗一旦學會放手不執著，就一併解決了亂叫、咬人等問題。利用狗狗「喜歡會移動的物品＆一旦靜止就失去興趣」的習性進行訓練。

拿玩具交換

1 用兩個相同的玩具玩耍

雙手各拿著相同的玩具，拿著其中一個和狗狗愉快玩耍。

2 換成另一個

讓牠看見另一個，等牠放開嘴上咬住的那個就對牠說「給我」，然後換手繼續玩。

拿零食交換

1 拿著零食玩玩具

一手拿著零食，一手拿著玩具和狗狗玩。

2 用零食交換

讓牠看見零食，等牠放開玩具就對牠說「給我」並給牠零食。

固定，鬆口後拿出

1 按照平常態度玩玩具

拿著一個玩具和牠玩，讓牠專注在拉扯。

2 固定玩具，讓牠鬆口

用雙膝固定玩具，等狗狗鬆口就對牠說「給我」，然後高舉玩具。等牠安靜下來再繼續陪牠玩。

5 護衛的是地點時

狗狗在喜歡的沙發或床上待著時，下指令「上去」、「下去」，要到乖乖聽話離開為止。利用零食耐心地誘導訓練吧。

1 用零食誘導牠過去

利用零食誘導狗狗到牠喜歡的地方，狗狗一過來就對牠說「上去」，若聽話照做要稱讚牠。

2 誘導牠離開

這次用零食誘導牠離開喜歡的地方。一離開就說「下去」。聽話照做時要記得稱讚牠。

3 離開，就讓牠吃零食

狗狗離開喜歡的地方就給零食並稱讚。重複進行 1～3 次。

4 挑戰沒有零食的情況

徒手誘導，食物改為隨機給予，訓練牠沒有鼓勵也能辦到。

狗狗管教煩惱

護衛篇

讓牠們不再執著，
讓牠們發現，
圓滿解決問題！

不離開沙發

Q

牠平常很喜歡人，容易與人親近，但只要有人坐上牠心愛的沙發，就會齜牙咧嘴地怒吼。

A

教會牠「讓開」，要牠退開讓出地方。

可透過「讓開」、「下去」等指令，訓練狗狗把位置讓給飼主，詳情請參考81頁的內容。藉由這訓練應該能夠解決狗狗吠叫問題，但如果狗狗咬人或想咬人，建議最好趁著情況尚未惡化之前，將牠送往犬行為治療專家那兒尋求協助。

執著於牛骨

Q

玩具和牛肉條就不會有這種問題，但只要拿起牠的牛骨，牠就會生氣吠叫。牛骨是牠最喜歡的東西，想要拿什麼和牠交換都沒辦法，有時還會因此被牠咬，真傷腦筋。

A

不要強行拿走骨頭，隨便牠即可。如果太激動，可尋找替代品。

如果狗狗對牛骨太興奮，就不要給牠牛骨。如果牠咬其他東西，就給牠玩具或肉條代替吧。

假如你無論如何就是要給牠牛骨，直到牠吃完前都不要管牠，讓牠乖乖待在籠子裡吃牛骨，我想不至於構成問題。

解答常見的 Q&A

轉移狗狗注意力，
或者避免
或許就能

Q 兩隻狗為了皮骨打起來

我養了兩隻狗。給牠們皮骨後，一隻會拿去藏起來，另一隻會立刻吃掉。接著變成兩隻狗為了搶藏起來的皮骨而打起來的場面。

A 分開給予，並且要避免兩隻狗發現，應該能夠預防問題發生

趁著狗狗分別單獨在狗屋或其他房間時才給。就算兩隻狗各拿到一個，牠們也不懂什麼是「公平」，只懂對皮骨的執著，所以自然會搶起來。為了避免問題發生，我建議皮骨要分別給，而且要避免雙方發現，這才是關鍵。

Q 對狗屋和主人有強烈佔有慾

我養了兩隻狗。牠們有各自的狗屋，但只要一隻坐在狗屋前，或窺探狗屋內的情況，另一隻就會撲過來威嚇。只要我抱起其中一隻，另一隻就會吃醋，甚至兩隻打起來。

A 把狗屋分別安置在不同房間，並試著建立抱狗的規矩

試著把狗屋分別安置到不同的房間。另外，如果抱起其中一隻狗會引發打架，只要兩隻同時在房間裡時，飼主就該避免抱狗。要摸抱狗狗時，建議在牠們各自的房間進行。

Coffee Break!

生骨頭、在睡覺的我……護衛行為本身沒有錯！

我的愛犬MoMA和哈比佔有慾很強，老喜歡守著心愛的牛皮骨頭等物，連我想動手拿都會對我吼叫。叫歸叫，但不會咬我，也不會因為興奮而不肯鬆口服從「給我」指令，因此不構成問題。如果是家裡有小孩的家庭，吠叫可能是個問題，幸好我家都是成年人所以不要緊。

另外，哈比和我一起睡時會想護衛我，只要旁邊一有人，牠就會吠叫威嚇。平常我都是一個人因此沒什麼問題，直到有次朋友在我家過夜，我要哈比進狗屋睡覺，才發現這點。因為我了解哈比的習慣，因此我選擇避免再次發生這種情況。選擇避免，不讓狗狗做出反應，而不是去矯正牠們的行動，這也是一種做法。

試想，狗狗為了護衛飼主而出現的問題反應會有哪些：吠叫，就改善它；不願意交出嘴裡咬的東西，就教會牠「給我」指令。重點在於針對不同情況解決問題。

第七大困擾～

討厭狗屋、外出袋

「我家狗狗就是不肯進狗屋或外出袋」
有些飼主因此而放棄。
在狗屋、外出袋訓練中，
將告訴你有效減輕狗狗壓力的方法。

為什麼辦不到？

消除負面印象，讓狗狗願意待在裡面！

check!

你有沒有這些行為？

- ☐ 只在前往動物醫院等狗狗討厭的地方時，才要牠進入外出袋。
- ☐ 就算狗狗不願意，仍強迫牠進入。
- ☐ 經常讓狗狗長時間待在狹窄的外出袋或狗屋內。

選擇購買外出袋或外出籠時，首先要想像人類居住的房子或汽車等移動工具。選擇這些東西時，外觀好不好看當然是關注焦點，但更重要的應該仍是舒適與否和機能性，因此挑選狗狗的外出籠或外出袋時，也要考慮到是否舒適。

找到適合狗狗的外出袋或外出籠後，不可以一下子就把狗狗塞進去。勉強牠進入，狗狗會討厭外出籠、外出袋。建議利用零食誘導牠，訓練狗狗願意主動進入，或也可擺入一些打發時間的玩具、在軟式外出袋加裝底板等等，準備好狗狗覺得舒適的環境相當重要。另外飼主本身要注意外出袋的拿法和放置方式，須事先熟悉使用方式。還有，外出籠擺放的地點也會影響舒適程度，請留意日曬及空調。

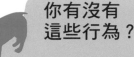

LESSON 7 克服

討厭狗屋、外出袋

（不可強迫狗狗進入狗屋或外出袋，必須利用零食誘導，訓練牠願意主動進入。記住基本練習步驟，配合各種外出袋或外出籠的使用。）

1 讓牠習慣外出袋的基本 LESSON

袋子的尺寸要正好能夠讓狗狗轉圈。軟式袋子建議選擇側開型，以方便狗狗進出；硬式籃子則要盡量選擇讓狗狗能夠看見外界的類型，避免狗狗起疑心。另外也要考慮到舒適與否及清潔的便利性。

1 利用零食誘導狗狗

把零食撒在外出袋四周讓狗狗吃，產生好印象之後，再以零食誘導牠進入。

2 讓狗狗進去試試

狗狗願意踏進一隻腳就是一大進步！誘導牠完全進入袋內。

3 讓狗狗在裡面轉圈

以零食誘導狗狗在袋子裡轉一圈，讓牠確認自己能夠行動的範圍。

4 習慣後以手勢下指令

習慣步驟1～3之後，以手勢指令狗狗進入袋子。進去後給牠零食稱讚。

5 拉上一小段拉鍊

如果狗狗不排斥進入，再一邊給牠吃零食，一邊把拉鍊拉上。

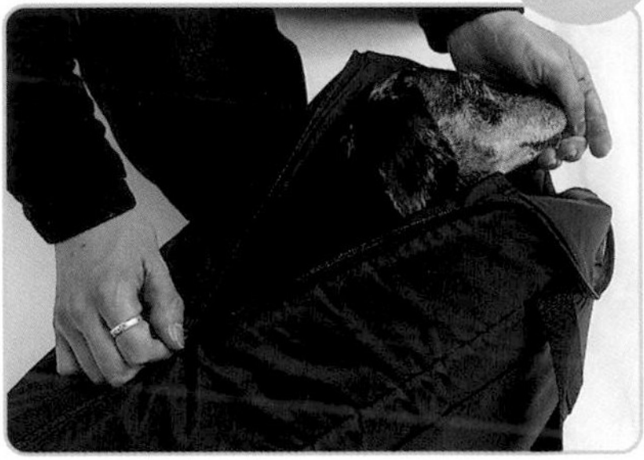

6 試著拉起一大段拉鍊

若關起袋子牠也不在意，請一邊給牠零食，一邊把袋子關上一半，習慣後拉鍊再多拉上一些。

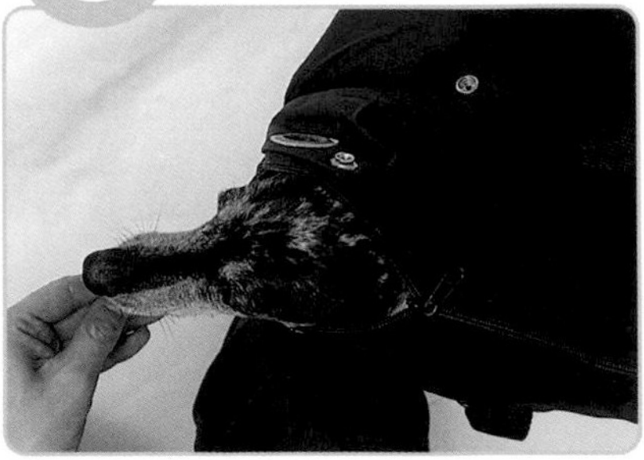

7 將零食弄碎

預先把零食弄碎。這些是接下來要丟入袋內給狗狗吃的，所以要盡量弄碎。

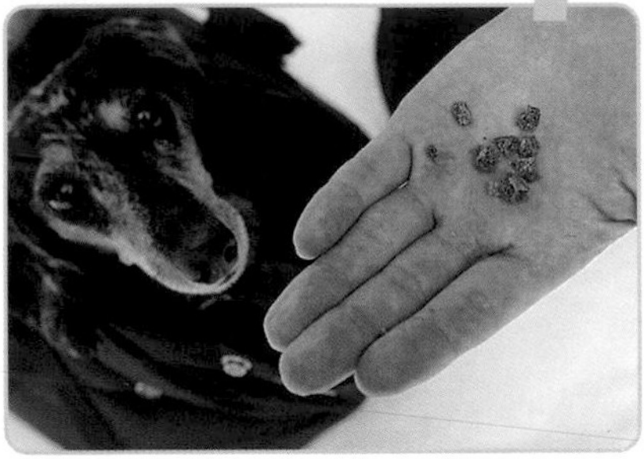

8 放入袋內

把零食放入袋內，讓狗狗在裡面專注吃零食而不把頭露出來。

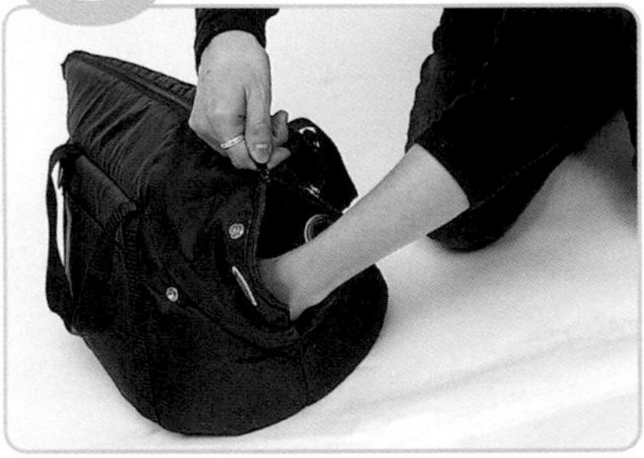

9 將拉鍊完全拉上

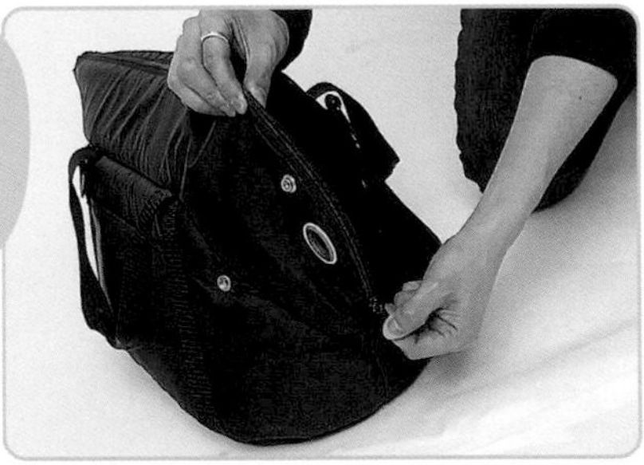

拉上拉鍊。若拉鍊拉上後狗狗仍然繼續吃，就把最後的零食放進去，可以多放一點。

2 訓練牠習慣側開式外出袋

軟式外出袋的材質主要是尼龍，前後都有入口。訓練時可利用這個設計，由後側入口誘導，讓狗狗由前側入口進入。這類型的外出袋很方便，適合用來訓練狗狗。

1 從另一側誘導

打開前後入口，手拿零食伸入後側入口誘導。

2 讓牠進入底處

只要狗狗願意踏進一步，就繼續誘導牠前進，等到整個身子都進入袋裡，就給牠零食稱讚。

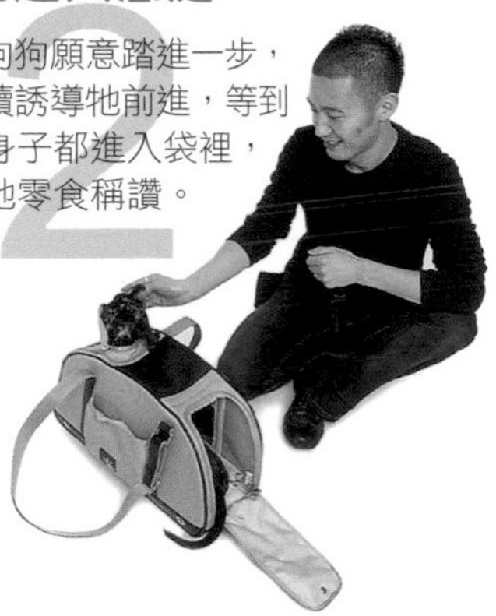

3 讓牠轉一圈

將零食丟入外出袋，趁牠在吃的時候，關上後側入口，由前側入口誘導牠在袋中轉一圈。等牠習慣後，把零食放進袋內並關上前側入口。

POINT 成為外出袋達人！

在電車上或馬路上

拿外出袋時，要將袋子掛在肩膀上，以手支撐狗狗，穩住牠的身體；如果是手提式外出袋則要穩穩拿好避免搖晃。把外出袋擺在地上等車時，要擺在雙腿中央，與腳掌平行，避免佔空間。

綁上導繩

軟式外出袋大多附有能扣住導繩的固定扣，請務必要扣上。如果沒有固定扣，牢牢綁在提把上也 OK。

擺入打發時間的玩具

狗狗不習慣外出袋或無法長時間待在裡面時，可在袋子裡放入 KONG 等玩具打發時間。使用硬式外出籠時，要把導繩綁住才能避免狗狗滾動。

※在大眾交通工具中，要避免狗的身體露出袋子。

3 訓練牠習慣硬殼式外出籠

使用塑膠製、前側有門的類型進行訓練。硬式籃子的入口高度幾乎和地面等高，形狀也設計成容易進入，只是有些狗狗不喜歡裡面底板的觸感，因此可在籃子內鋪上毛巾。

1 裡頭擺零食

給狗狗看過弄碎的零食後，把零食放進籠子裡。不要讓牠進入。

2 關門

如果牠想進去，就把門關上，讓牠焦急地想進去。

3 開門

過一陣子後把門打開，牠應該會一股腦兒地鑽進去。如果牠似乎不喜歡底板的觸感，可在裡面鋪上毛巾。

4 在裡頭放零食

繼續把零食放進去，讓狗狗可以在裡面吃上一陣子，進而對籠子留下好印象。

啊！辦不到　狗狗不進去該怎麼辦？

牢牢抱緊後放進去

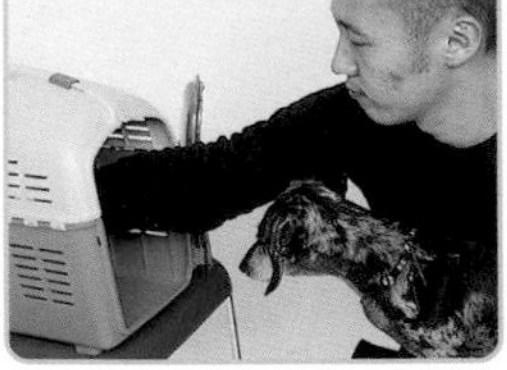

把外出籠放在椅子或桌子上，當著狗狗面前把零食放進籠子裡以吸引狗狗。

在椅子上將牠放進去

抱住狗狗的前後腳，把牠放進籠子內。狗狗位在高處時會覺得籠子裡比較安全，應該會願意進去。

4 訓練牠習慣籠子

請將籠子當作是狗狗的套房，可用在短時間看家、睡房、前往動物醫院等時候，相當方便。請盡量挑選舒適的籠子，以減輕狗狗的壓力。

1 關上門，把零食撒在四周

關上門，把弄碎的零食撒在四周給牠吃，讓牠對籠子有好印象。

2 撒在籠子內讓牠看到

接著把零食撒進籠子裡，狗狗想進去，但要裝作沒看見。

3 等牠焦急後再讓牠進去

讓牠焦急一陣，等牠想進去的欲望高漲時，再把門打開讓牠進去。

4 開門後開始練習

開門後開始訓練。先用橡皮圈把門固定，避免門突然關上。

5 拿零食靠近狗鼻

把零食拿到牠的鼻尖，讓牠專注聞味道。

6

循著籠子邊誘導進入

直接沿著籠邊將牠誘往籠子裡面。

7

誘導到籠子深處

只要牠肯踏入一步，接下來就簡單了。繼續用零食誘導狗狗，直到牠完全進入籠子。

8

讓牠在籠子內轉一圈

用零食誘導進入後，讓牠在籠子裡轉一圈，告訴狗狗牠能夠行動的範圍。

9

誘導牠出來

接著用零食把狗狗誘出籠子讓牠出來。重複進行 5～9 次。

10

關上門給牠零食

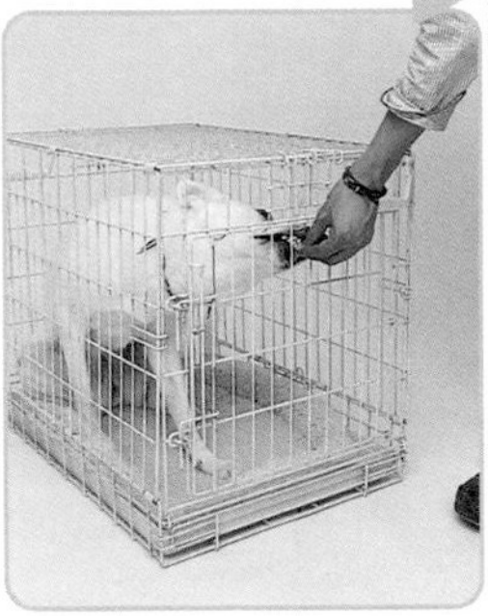

等牠習慣籠子後，關上門，拿出零食，隔著籠子餵牠。

11

馬上放牠出來

牠能夠乖乖吃零食就讓牠出來。逐漸拉長待在籠子裡的時間並反覆練習。

狗狗管教煩惱

狗屋、外出袋篇

「別強迫牠進去」，
適當的小道具，
說 BYE BYE！

Q 一見到外出袋，馬上警戒逃走

我嘗試用零食誘導牠進入袋子，可是牠卻渾身警戒，對零食連看都不看一眼。

A 先做好心理準備，或許需要超過一個月的時間，牠才願意主動進去

焦急是最大的禁忌，突然誘導牠，牠不進去也是理所當然。首先第一個禮拜先將餐碗和零食擺在袋子入口，只要狗狗願意在旁邊吃飯就好。有些狗狗可能必須花上一個月時間才願意主動進入袋子。訓練時保持耐心，直到牠不再排斥進入為止，先暫時別用外出袋帶牠出門。

Q 在外出袋裡漏尿

牠不喜歡外出袋，在袋子裡也經常動來動去，甚至漏尿。

A 在家中訓練牠習慣外出袋之後再出門

你是否等到狗狗完全排泄乾淨，才讓牠進入外出袋呢？假設如此牠仍漏尿，恐怕是因為突然被裝進外出袋裡帶出門，而產生壓力。第一步必須做的是讓狗狗習慣待在外出袋內。做到這點之後，帶牠到附近嘗試進行短時間外出，接著挑戰長時間外出。重點在於以階段性訓練的方式來進行。

解答常見的 Q&A

要有耐心，
並且用心挑選
就能夠和煩惱

喜歡躲在鞋櫃下面

Q 牠根本不進去狗屋。

明明已經擺了牠喜歡的毛巾和玩具，牠卻寧可睡在玄關鞋櫃底下昏暗的角落。

A **狗狗有不同喜好，或許可以挑選沒有屋頂的類型**

試著把狗屋放置在鞋櫃底下如何？如果牠害怕狗屋，就選擇沒有屋頂的類型，或者拆下屋頂再進行狗屋訓練。不過睡在玄關並非壞事，如果不至於造成家人困擾，就讓牠睡在那兒也沒關係。

一進去就侷促不安

Q 有客人來訪就把牠關進狗屋裡，牠卻開始躁動、吠叫，吵個不停。

A **平常就要讓牠習慣待在狗屋裡**

首先，平常就在狗屋中餵食，狗狗對狗屋會留下好印象。接著讓狗狗習慣待在狗屋裡，等牠願意自由進出狗屋時，可嘗試在客人來訪時叫牠進去，但絕對不要催促或勉強牠。

Coffee Break!

讓狗走在前面，也一起睡覺……即使如此我和狗狗仍然和平共處！

散步時讓牠們走在飼主前面、吃飯時狗比人先吃、和人一起睡床上……等等，一般人認為這些是與狗狗生活時的禁忌，然而事實上我一直都是如此！

狗狗不會因為這些行為就不聽話。

如果狗狗經常走在飼主前面，卻叫了也不回頭，這才有問題。只要會聽從指令就沒問題。吃飯時也是，搶奪食物是問題，不過只要願意聽從指示吃飯，就算比人類先用餐也不是什麼問題。一起睡也是，狗狗經常佔領床鋪會造成困擾，但只要牠聽得懂「讓開」就不算是問題。

家犬是和我們一同生活的夥伴，與人類的關係就像家人一般深遠，和狗狗共同生活的樂趣不就在此嗎？太在乎誰領導誰、誰是誰的頂頭上司或者在意家人的排序等等，恐怕會因此忽略掉和狗相處更重要的事情。

生活提示&點子集

追求人與狗都舒適的生活！

除了「七大困擾」之外，
本章還挑選出大家常遇到的「生活煩惱」。
在此為各位介紹幾個解除狗與人壓力的
秘笈和提示。

- ■讓小孩與狗和平共處 育犬生活更安全
- ■誤食奪命！ 避免隨地撿東西吃
- ■太有精神的狗狗 導繩拉扯對策
- ■容易興奮的狗狗 安撫狗狗
- ■沒有零食也聽話 讓狗狗習慣
- ■叫了也不過來 解決對策是？
- ■關於狗狗的男生和女生 ～避孕・去勢・發情～
- ■只要建立規矩 這種事情就不是夢！ 何謂「妥協管教」？

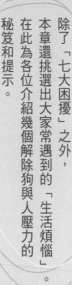

與小孩和平共處

遵守規則 讓育犬生活更愉快安全

這裡要注意！

即使是大人與狗狗接觸時，也要遵守不從正面和上方靠近的原則，這點很重要。另外，還不懂事的小朋友會經常做出狗狗討厭的行為而不自覺，如果放任小孩對待狗狗的行動，壓力累積久了，狗狗恐怕會做出攻擊行為。我們一起來教導小孩哪些舉動狗狗不喜歡，以及和平共處的訣竅吧。

Lesson 1 教導小孩如何與狗狗相處

天真爛漫的小孩固然可愛，可是對狗狗來說，小孩特有的喧鬧、糾纏、突然大叫等行為，有時會令牠們不舒服。大人必須注意孩子與狗狗的相處，小心避免雙方有危險。

哪些狀況有危險

狗狗專注玩耍、吃飯或睡覺時受到打擾，會反射性地威嚇。另外，我們無法預測別人家狗狗的行動，因此可能潛藏危險，必須嚴格禁止小孩接近這些狀態下的狗狗！

哪些行為不能做

伸手從上方靠近想要摸頭、糾纏不休地逗弄、在旁邊喧鬧尖叫等小孩的舉動，對狗狗來說都是壓力。要告訴孩子靠近狗狗時必須「輕輕地、溫柔地」。

Lesson 2 試著和狗狗打招呼

小孩總想從正面靠近撫摸狗狗，但是這種舉動會挑起狗狗的敵意及恐懼，必須絕對禁止孩子這樣做。如果小孩尚無法理解，與狗狗接觸時務必要有大人陪在身邊，並指導如何正確打招呼。

由胸口開始撫摸

從不太會排斥碰觸的胸口開始撫摸起。如果狗狗不排斥，可以摸摸頭部和背部。

讓狗狗嗅聞手上味道

緩緩伸出拳頭，讓狗狗聞聞手背味道，表示自己沒有敵意。

待在狗狗身側

首先取得狗主人同意再打招呼。配合狗狗的動作蹲在牠身側。

Lesson 3 一起散步去

帶著小孩與狗狗一同散步時，小孩多半會想握導繩。這個時候，幫狗狗戴上兩端都繫了導繩的胸背帶和項圈，讓小朋友拿著扣在胸背帶上的導繩；一來能夠滿足孩子，二來能夠避免危險。

2條導繩的其中1條給小孩拿

不但能夠滿足孩子，又能夠避免孩子一人握導繩時給狗狗造成的壓力及危險。

顧慮孩子的不滿

讓小孩握導繩很危險，但不給他握，小朋友又會拉扯導繩，造成狗狗的壓力。

Lesson 4 試著讓孩子參與管教

讓孩子積極參與管教狗狗。透過這過程，小孩能夠學會接觸狗狗的方式，狗狗也能夠習慣小孩的指令。小孩喜歡不斷重複同樣事情的專注力，正好適合用在狗狗必須不斷重複的管教上。在這裡我們要練習「坐下」。

2 讓小孩負責稱讚

手慢慢舉起後，狗狗會擺出坐下姿勢，這時給牠零食並說「坐下」。

1 教他利用零食誘導

讓小孩握好零食，拿到站立的狗狗鼻尖，給牠嗅味道。

遇到其他狗狗時…

就算是乖巧的狗狗，也很可能因為小孩突然來到身邊而撲上小孩。必須教會小孩如何撫摸狗狗的正確打招呼方式。如果狗狗平常就討厭小孩，一定要說明理由讓小孩了解，並且避免靠近。

避免隨地撿東西吃

這習慣可能害狗狗受傷或窒息，不可置之不理

這裡要注意！

撿拾掉落路旁的食物或啃咬面紙等，會危害狗狗的健康，而且狗狗也可能因誤食、誤吞尖銳物品而致命。

為了避免百害無一利的隨地亂撿東西吃狀況發生，必須提高狗狗的專注力，訓練狗狗把注意力擺在飼主身上，而非路上掉落的物品。

Lesson 1 讓狗狗把注意力擺在飼主身上！

能夠集中注意力在玩耍和訓練上頭的狗狗，有時也會因散步時的各種誘惑而分心。平日就要養成狗狗的習慣，希望牠集中注意力時就能夠集中，就能夠預防隨地撿東西吃的情況發生。這裡我們要做的是眼神交流訓練，避免輸給零食誘惑。

STEP 1

1 舉起零食

跪在地上，把握著零食的手側舉，安靜等待狗狗看向自己。

2 讓牠看到零食並吃下

如果狗狗能夠看向自己，就給牠零食獎勵。換手再來一次。

STEP 2

1 移動雙手

雙手握著零食高舉，待狗狗注視後，接著移動雙手按照 STEP 1 做一次。

2 撒零食挑戰

這次把弄碎的零食撒在地上。如果狗狗想要吃就用腳踩住，等牠看向自己才讓牠吃。

3 綁上導繩，增加零食

繫上導繩後，這次把零食排放在狗狗面前的地上。狗狗想吃，就用腳踩住，等牠看向自己才讓牠吃，或者從口袋拿出零食給牠。

Lesson 2 模擬狗狗發現食物時的練習

有些狗狗即使特地訓練過了，仍會亂撿地上的東西吃，這是因為發生了難以掌握無法估計的情況，因此必須事先學會緊急應變方法，預防牠撿東西吃。

1 將導繩打個結

握住導繩的手垂下時，導繩會有點鬆，在這個位置上打個結以利辨識。

2 正確握好導繩

握住打結部分，在這個長度下，就算狗狗想要上前咬住掉落物品，也能夠拉住導繩以對應。

3 將零食擺在地上

將零食擺在地上，狗狗想要吃的時候拉住導繩，抑制狗狗的興奮。

4 狗狗看向自己，就讓牠吃

狗狗看向自己，就鬆開導繩讓牠吃食物，或者從口袋拿出食物給牠。

避免亂撿東西吃的技巧

用零食轉移狗狗的注意力，防止牠撿東西吃也是一個技巧。預先設想各種情況並進行練習！

前面出現會被撿來吃的目標！

1 把食物拿到鼻尖

模擬主人比狗狗先發現目標物。把零食擺在狗狗面前的地上，之後把手上的零食湊向狗狗鼻尖。

2 吸引住狗狗視線之後前進

接著把手舉到肩膀高度，讓狗狗的視線跟著手，如果能夠直接走過眼前的零食，就把手上的零食給牠。

狗狗發現掉落的食物

1 事先拉住導繩

模擬狗狗發現目標物的情形。一手拿著零食，地上也擺一些。狗狗想要吃就拉住導繩阻止。

2 將零食拿到鼻子前

將手上的零食拿到狗狗面前，狗狗的注意力應該會移到手上。

3 誘導迴轉

直接以零食誘導牠 U 型迴轉，藉此讓狗狗遠離目標物，繼續散步。

防止拉扯導繩

可以有效預防飼主跌倒或狗狗脫逃

這裡要注意！

狗狗拉扯導繩的原因包括「想要往前走」、「喜歡的人或東西在前方」、「後面有可怕的東西」、「想要快點前往喜歡的地方」等，並非看不起飼主，因此飼主無須強制把狗狗拉回或大聲斥責。

進行完這裡介紹的訓練後，即使狗狗能夠冷靜散步，偶爾也要給牠時間自由行動，嗅嗅四周的味道或與其他狗狗嬉鬧。

Lesson 1 狗狗不拉扯導繩，就要持續「稱讚」

即使責罵狗狗的拉扯舉動，牠也無法理解是什麼不該做。反而應該在牠不拉扯的時候持續稱讚，讓牠記住「不拉扯才是對的」。

1 拉扯，就停止前進

繫上導繩練習。狗狗一拉扯就拉住導繩制止，牠的動作也會停止。

2 不拉扯導繩，就稱讚牠

導繩被拉住的狀態下，一拉扯就會很難受，因此狗狗應該會停止拉扯。等牠停止拉扯就給予零食稱讚。

3 轉過頭就稱讚牠

呼叫狗狗的名字。牠轉頭回應就給零食稱讚。

4 抵達預定場所後才稱讚

只限狗狗緊跟在膝蓋旁邊時，才重覆稱讚牠。

把零食
拿到鼻子前

U 型迴轉時，狗狗經常會朝外拉扯導繩，因此要一邊稱讚一邊教會牠注意跟上。

跟上就
稱讚牠

稍微往前走一段路，狗狗跟上就反覆給零食獎勵。

順勢
U 型迴轉

飼主轉一圈後，讓狗也跟著 U 型迴轉。重複進行 6～7 次。

方便的好物

預防拉扯的胸背帶

項圈加上導繩，狗狗容易拉扯並感受到衝擊。使用胸背帶能夠緩和拉扯造成的壓力。這種胸背帶連接導繩的扣環位在胸前，因此即使狗狗拉扯也不易前進，對牠的身體負擔較少，十分推薦。

NG!

試著想想狗狗拉扯的原因

導繩反而變成狗與主人決勝負的武器！

不管在訓練課程的哪個步驟，只要飼主過度拉扯導繩，就會變成與狗狗互相競爭的情況，無法解決問題。飼主與狗狗拉扯導繩，形成拉鋸戰時，不如先停止動作。握導繩的位置要經常保持在腰部附近。

安撫狗狗

養成希望狗狗冷靜時，
就能夠自動安靜下來

這裡要注意！

有精神是好事，但是容易興奮的狗狗如果過度反應，反而會造成日常生活上的麻煩。比方說客人來訪時吠叫而嚇到客人，在戶外太興奮而無法與其他狗狗相處等等。我們要修正的不是狗狗的情緒，而是要教會牠分辨什麼時候可以興奮、什麼時候不可以，才能夠解決問題。

Lesson 1 教會控制口令

本課程是反覆訓練狗狗在興奮時聽到「坐下」等簡單指令，就能夠安靜下來。使用零食多次訓練後，狗狗就會記住「即使很興奮，只要安靜下來就有好事發生」。

1 讓狗狗興奮

熱烈撫摸身體等讓狗狗稍微有些興奮。記得從頭到尾都要輕柔。

2 發出簡單的指令

試著説出「趴下」等指令，任何一種狗狗能夠輕鬆辦到的指令都可以。

3 做到了就稱讚

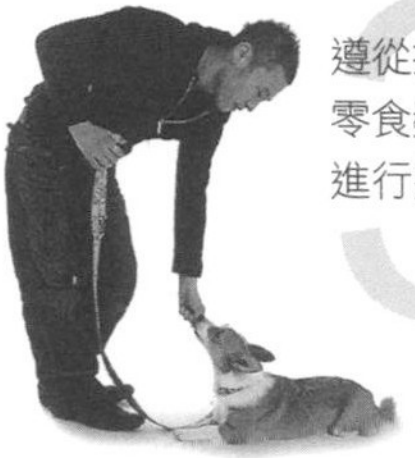

遵從指令就給牠零食獎勵。重複進行幾次。

Lesson 2 用玩具讓牠安靜下來

使用狗狗最愛的玩具。首先要先讓狗狗玩，一會兒之後讓狗狗鬆開玩具，等待牠安靜下來。狗狗會開始思考如何能夠拿回玩具。

1 用玩具和狗玩

讓狗狗稍微玩一下玩具，直到牠的情緒有些興奮為止。

2 試著停止牠的動作

把玩具固定在低處，停止動作，等待狗狗放開玩具。

3 讓狗狗思考

把玩具舉高到狗狗夠不到的地方，等牠冷靜下來。

4 等狗狗的行動稍微安靜，再度開始玩

如果狗狗的行動稍微安靜下來，馬上再陪牠玩。反覆 1～4 次。

Lesson 3 練習邊看電視邊耐心等待

本訓練是讓狗狗能夠自主行動，花較長的時間訓練牠「安靜下來會有好事」。由於要花上一段時間才會得到成果，因此飼主要有毅力，可一邊看電視等一邊進行。

1 打開電視坐下

事先幫狗狗繫上導繩。一邊看電視一邊等待狗狗靜下來。

2 靜下來給牠零食

狗狗停止動作或坐下，把零食丟到導繩能夠搆到的範圍內讓牠吃。

3 自主趴下等待

重複 1～3 的步驟後，這次狗狗不只冷靜下來，還會自動趴下等待。

4 趴下就給牠零食

狗狗只要趴下，就算只有一下子，也把零食丟到導繩能夠搆到的範圍內讓牠吃。

5 延長趴下的時間

延長趴下的時間，從 2 秒到 5 秒……逐漸把難度提高。

POINT

拉扯力量大的狗狗該怎麼辦？

用腳固定導繩即可

狗狗的拉扯力量大時，飼主很難一邊看電視一邊手抓導繩維持狗狗的動作，這時候可用腳踩住導繩固定。

沒有零食也聽話

即使是以食物為目標的貪吃狗也可以畢業！

這裡要注意！

人人都能夠使用零食進行訓練，狗狗與飼主同樣樂見效果，但是，沒有零食就不聽話的狗狗當然也存在。理由是訓練階段並不確實。零食是用在誘導，也就是「賄賂」，以及按照指示行動時的「酬勞」，應該逐漸減少使用的次數。這裡以趴下訓練為例，介紹零食的不同用途。

Lesson 1 事先決定好手勢

所謂手勢就是用手對狗狗下指令，也就是手部指令。譬如說使用零食時是拳頭手勢，最後進行沒有零食訓練時，卻改以張開手掌的手勢，這些改變容易造成狗狗混淆。因此手勢動作必須統一。

握拳的手勢

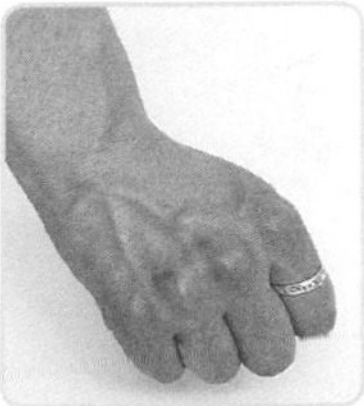

手自然握住零食，也是進行誘導時最方便的手勢。

四指併攏伸直的手勢

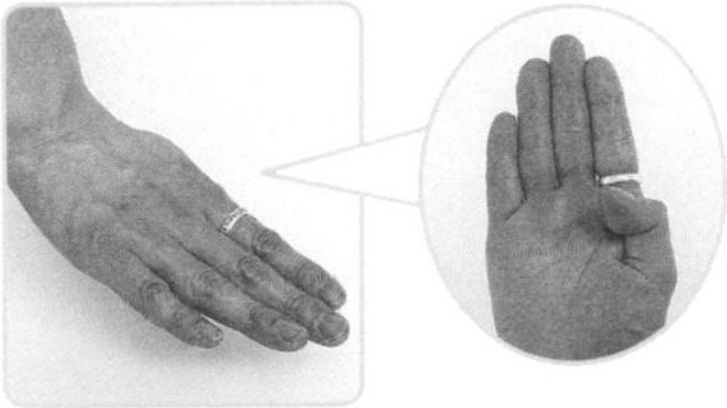

拇指和手心夾住零食，其他四根指頭豎起。

食指豎起的手勢

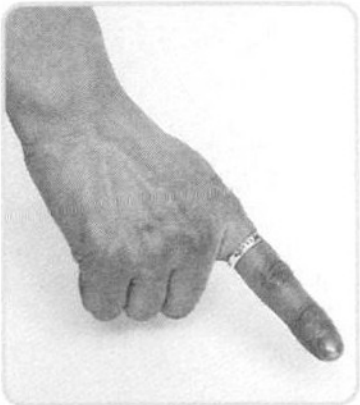

這是最常用的手勢，可用四支手指握住零食。

Lesson 2 下達指令給狗狗的時機

讓狗狗記住「趴下」口令的時機，是當牠接受誘導準備擺出趴下姿勢時，飼主先出聲說「趴下」再讓狗狗趴下。左頁的 Lesson3 是先利用手勢教會狗狗趴下後，直到第 5 步驟才出聲喊「趴下」。

等待時機，讓狗狗能夠透過誘導達成趴下動作

在狗狗學會靠誘導趴下之前，先不要喊「趴下」。

Lesson 3 零食從賄賂變成酬勞

為了讓狗狗按照指令行動，第一步先以零食誘導。反覆幾次後，原本受到零食味道吸引而行動的狗狗，會跟著手勢動作趴下。這次把零食的用途變成酬勞吧。

1 先當作賄賂

以握著零食的手在狗狗鼻尖誘導，讓牠趴下。反覆練習幾次，等狗狗能夠跟著手勢動作，這次改用雙手握住零食，右手一樣自狗狗鼻尖往下比，讓牠趴下。

2 做到就給牠

確實做到趴下後，把左手握的零食給牠。改變雙手的功能，將右手由「誘導」變成「指令」。

3 讓狗狗跟著右手動作

狗狗確實跟隨右手動作趴下，左手給牠零食，這步驟重複進行幾次，直到狗狗看到右手放下就會趴下為止。

4 右手沒有零食

零食只用左手拿。右手以手勢指示狗狗趴下後，左手給零食，重複進行幾次，讓牠了解「指示→趴下→酬勞」的固定模式。

5 以高姿勢挑戰

習慣步驟 4 的練習後，換個姿勢進行。飼主跪著能夠辦到後，就改為站姿，逐步練習到高姿勢也能成功。但是當作酬勞的零食必須放在狗狗趴著也能吃到的位置。

6 從手以外的地方拿出零食

為了讓狗狗記住左手沒有零食也能夠得到酬勞，這次把零食出現的位置換到小包包。一邊給零食，一邊確實稱讚，然後以「OK」的指令解除動作。

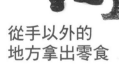

Lesson 4 嘗試無目的給予獎賞

將酬勞擺在遠離飼主的地方，如果手上和包包裡沒有零食的狀況下，狗狗仍然遵照指示，就能夠得到獎賞，讓牠記住這點。

1 以口令及手勢發出指示

將零食擺在遠處，什麼也不拿，只靠口令與手勢發出趴下指令。

2 說出「OK！」讓狗狗自由行動，就去拿零食

順利辦到，就對狗狗說「OK」，並愉快移動去拿零食，誘使狗狗也跟著一起去。

3 給牠零食並稱讚

手拿零食給狗狗並稱讚。重複進行 1～3 次。

4 沒事也給獎賞

趴下的指示→出聲稱讚→OK！重複以上步驟幾次，接著不為特殊目的給狗狗零食。偶爾有零食的感覺能夠讓狗狗更加專注。

POINT

獎賞擺放的位置

前去拿獎賞的場所每次都要設定在不一樣的地方，否則狗狗只會注意獎賞出現的地方而無法專注。不只擺在遠離飼主的地方，偶爾也可以擺在口袋等出乎意料的場所。

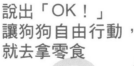

Lesson 5 改以食物之外的東西當作獎賞

把獎賞換成零食之外的東西。不過如果原本每次都給予零食稱讚，不可以突然就不給，否則狗狗會喪失幹勁。必須慢慢來，而且要避免狗狗識破固定模式，有時也要不為特殊目的而給予獎賞。

1 利用手勢讓狗狗趴下

以完全沒有準備零食的狀態進行。右手做出手勢讓牠趴下。

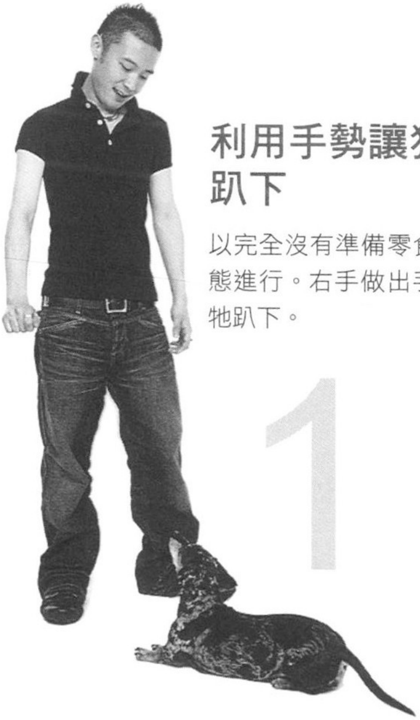

2 用遊戲代替稱讚

狗狗趴下，就說：「OK！」同時給予獎賞，讓牠與喜歡的人玩耍等等。直到牠習慣後，再改以無目的的方式給予零食。

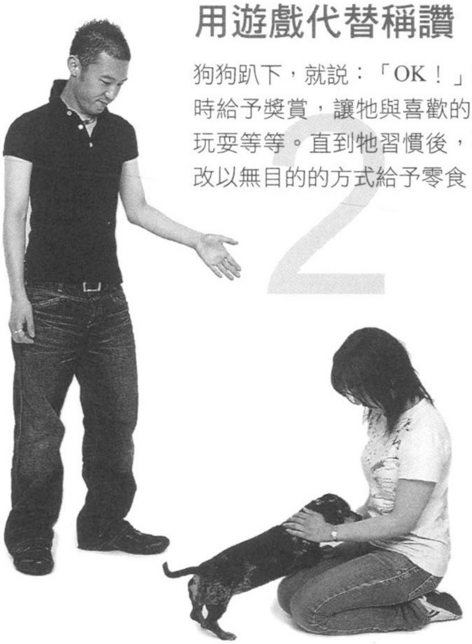

POINT

試著改變環境

等到完成房間裡的訓練後，可以逐步換個有新鮮感的場所，如走廊、玄關、門前、住家前面的馬路等地方挑戰看看。狗狗可能會因為環境有些改變而認為眼前的指令與之前的不同。換地方後，可從Lesson1重新教起。

換個地方

回歸基本！

聽從呼喚

擔心出門發生事故或打架？「過來」指令能夠解決問題

這裡要注意！

利用「過來」、「COME」等口令叫狗狗回來，是與狗狗一起生活時的重要舉動。

教導時先繫上導繩練習，重點在於大聲喊「過來」後，狗狗百分之百會回來。接著反覆練習，成功就給零食稱讚，讓狗狗對「主人叫我回來」這件事留下好印象。但叫牠回來後，千萬別做些剪指甲等討厭的事。

〈「叫了也不過來」的狀況是以下哪一種？〉

無論怎麼叫牠都不聽……

對牠喊「過來」，牠仍看向旁邊，別說過來了，甚至連飼主也不看一眼，這時請有耐性地從 P111 的 Lesson1 開始！

外出途中的「過來」指令無效

在家中叫牠過來明明沒問題，出了門外卻做不到，這樣的例子不在少數。參考 P112 的 Lesson2，嘗試在各種場所挑戰看看。

與其他狗狗玩耍而叫不回來

喜歡玩耍的狗狗可能會太投入而不願回來。請其他飼主幫忙，一起進行 P115 的 Lesson3。

POINT

「叫了也不過來！」狗狗有自己的理由

或許曾有過不愉快的經驗或環境改變

狗狗叫了也不過來，原因可能有很多，或許是因為過去了而挨罵，或許是必須洗討厭的澡等等，使牠對「過來」存在壞印象。也有可能是安靜時會聽話回來，而遇到玩耍或環境改變時，就會興奮地忘了「過來」的意思等等。

不管怎麼說，狗狗不聽「過來」指令不是出於惡意，因此絕對不可以責罵牠。

Lesson 1 學會基本的呼喚指令

繫上導繩用零食誘導，飼主蹲下（狗狗對這個姿勢感覺最親切）後發出指令，狗狗如果來到雙腿之間就稱讚。過來之後要予以稱讚，讓狗狗懂得要回到主人身邊。

1 使用零食等東西

站在狗狗面前，讓牠看見喜歡的零食或玩具。狗狗採用什麼姿勢都可以。

2 在牠的注視下往後退

慢慢往後退。要注意別讓狗狗搶走零食。

3 蹲下後發出指令

往後退，接著緩緩蹲下，說：「過來。」每次的口令都必須一樣。

4 狗狗過來了就稱讚牠

狗狗來到雙腿之間就給牠零食獎勵，同時輕輕撫摸項圈四周。

※「過來訓練」整體來說可算是「呼喚」的一環，狗狗一過來，可同時給牠零食並撫摸項圈四周，讓牠記住「主人叫我回來可以摸脖子」，多加訓練，即使有突發狀況也不必擔心。

Lesson 2 無論到哪裡都能做到！

開始先帶狗狗前往熟悉的地方。由室內到玄關、門前、住宅前、馬路、公園……逐漸移動往陌生的地點挑戰。更換場所時，一定要再從基本的「誘導→過來就稱讚」開始。

〈如果叫了狗狗名字會回頭……〉

1 呼喚名字，讓牠看向自己

手拿著食物叫狗狗名字吸引注意，與牠視線交會。

2 以零食的味道誘導

讓牠聞手裡零食的味道，同時往後退幾步。要小心零食別被狗狗吃掉了。

3 蹲下，狗狗過來就稱讚

狗狗來到雙腿之間，就用手上的東西吸引讓牠靠近吃，同時撫摸項圈四周稱讚。

〈如果叫了狗狗名字也不回頭……〉

1 用聲音讓牠回頭

手裡拿著零食，弄響會發出聲音的玩具或彈舌頭，吸引狗狗的目光。

2 誘導後往後退

指示「過來」，並移動手上的零食或玩具吸引狗狗，同時往後退幾步。

3 靠過來就稱讚

如果狗狗來到身邊，就拿玩具和牠玩，同時撫摸項圈四周稱讚牠。

Lesson 3 愛玩的狗也會聽話！

教會過來的基礎後，發出口令百分之百會回來，這是反覆稱讚的結果。如果不斷失敗，口令就沒有意義。狗狗專注於某件事情時，避免叫牠過來。

1 所有人一起往後退

請其他飼主一起，在狗狗熱衷玩耍時，往後退並呼叫狗狗。如果飼主朝著與狗狗相反方向後退，牠就容易跟過來。

2 回來就稱讚

狗狗來到腳邊，用手上的東西吸引牠靠近，給牠吃並稱讚。多重複幾遍。

POINT

把牠叫回來可以救愛犬一命

「過來」除了是飼主與狗狗的溝通方式之外，如果學會這招，當狗狗與其他狗快打起來時，或者想要撿不能吃的東西吃時，或者要衝出車子經過的馬路時，叫牠過來能夠避免這些危險，預防萬一。

這麼說有點誇張，但「過來」口令存在著拯救狗狗性命的可能性，十分重要。

關於狗狗的男生和女生

發情期和人類的生理期不同

出生後半年到 1 年左右起，每年有 1～2 次發情。發情時會出血，不過其成因與人類的月經不同，兩者不可混淆。
出血等問題的對應方式有許多種，可選擇適合狗狗的方式盡量讓牠舒服些。

女生

母狗的發情週期

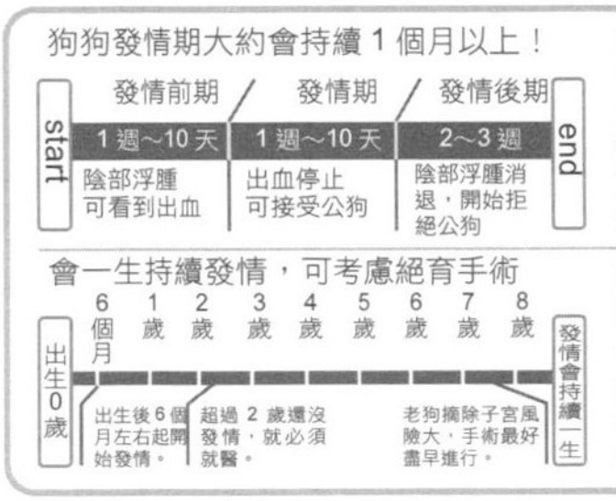

陰部浮腫、出血大約 1 週～10 天。可接受公狗的發情期是 1 週～10 天。接下來的 2～3 週腫脹消退，拒絕公狗。

狗狗出生後半年起開始發情，接著就持續一生。請依照是否要讓狗狗懷孕，並考慮進行避孕手術的時機。

發情的週期

前期通常是 1 週到 10 天左右。外陰部出現浮腫，可看見出血，公狗會受到吸引，不過這個時期母狗不接受公狗。中期約在 1 週到 10 天。出血停止，這時候才會接受公狗的交配動作。接下來的 2 到 3 週是後期，這時期會再度拒絕公狗的交配行為。

發情時應注意

使用褲子或尿布應付發情時的出血狀況也是一種辦法，不過許多狗狗不喜歡。這時可以隔出一個狗窩，在裡頭鋪上床單等弄髒了也沒關係的東西，等弄髒後再清潔。另外，這時期必須十分留意散步等與公狗接觸的狀況。

生理用品種類眾多

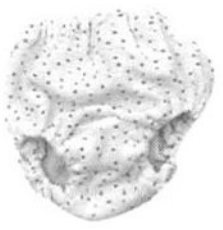

可拿人類專用的生理褲代替。狗狗有尾巴，別忘了在尾巴位置上剪個洞。

狗狗專用尿布，吸收出血的範圍大，能夠完整包覆臀部，令人安心。尺寸也相當多樣。

狗專用的生理褲。可黏上衛生棉使用。有了這個，或許也可當作散步時的時髦打扮!?

棉質的狗狗專用衛生棉。背面的膠帶可以貼在生理專用褲上。

事先了解避孕、絕育、發情。

公狗與母狗除了性別不同，身體構造也不同。如果希望在不進行避孕、絕育手術的情況下，讓狗狗愉快生活，飼主必須事先了解牠們各自的性向特徵、容易引起的問題及對應方式等。

男生

與發情中的公狗接觸時要小心

公狗不像母狗發情時會出血，不過牠們一發情就會做出交配動作，或會因無法交配而累積巨大壓力，引發種種問題。

發情的公狗會追著母狗交配。為了避免狗狗被迫交配，散步等外出的時候與公狗接觸要小心。

發情的機制

公狗不像母狗有特定的發情期。出生約半年後開始，公狗會因為附近有發情初期～中期的母狗而跟著發情，並持續一生。公狗想要對發情期的母狗做出交配動作，不過家犬實際自行完成交配的機會可說相當罕見。

發情中的問題

牠們想對母狗做出交配動作，但多半會遇到不想（飼主不想或母狗本身不想）和公狗交配的母狗，導致欲望無法宣洩而累積壓力。有些公狗甚至會完全喪失食慾或半夜想出門、持續吠叫等，有時也會對飼主或玩具等做出交配動作。交配動作不是只有性的意義在，在遊戲中也會出現這動作，不過若養成習慣，狗狗會經常做出這動作，最好及早戒除。

絕育手術

想想哪種方式對家犬來說比較「自然」

關於絕育手術（TNR）有贊成與反對兩派說法。有些人認為「不該拿掉原本就有的東西」、「希望讓牠們保持自然」，因此反對。但是原本是野生動物的狗狗自被人類飼養開始，就已經「不自然」了。出生在人類社會中，不進行手術、忍

接受絕育手術的好處

減少生病的風險

進行絕育手術，可免除公狗患上隱睪症、前列腺疾病，母狗發生子宮、卵巢的問題。再者，若第一次發情前進行手術，有 90 %的機率可預防母狗乳腺潰瘍。資料顯示在第 4 次發情之後才進行手術，罹患機率就與未避孕的狗狗差不多了。考慮到疾病的風險，最好趁早進行手術。

減輕飼主的負擔

尤其是母狗，要處理發情時的出血相當麻煩，如果能夠從每半年一次的麻煩中脫身，飼主也大幅減輕了壓力，另外也能夠不再擔心公狗和母狗在散步途中交配，飼主可因此而更輕鬆。

隨時可在公共場所玩耍

對於喜歡玩耍的狗狗來說，不能去公園或狗運動場會造成壓力。動過手術，公狗不會追著母狗強行交配，母狗也不用擔心突如其來的交配舉動，而能夠隨時悠閒自在地玩耍。手術之後牠們的個性會變得更穩重，許多狗狗比手術前更容易交到朋友。

關於

受天性折磨，反而「才是不自然」吧？具備繁殖能力是生物最美妙的地方，但是在無法運用的情況下，倒不如由人類的手幫忙調整，讓狗狗更好過。

再者，進行手術能夠預防各性別容易罹患的疾病，例如公狗的隱睪症、前列腺問題，母狗的乳腺潰瘍、子宮、卵巢問題等，再者為了避免繁殖狗狗卻生下不健康的小狗，飼主必須具備遺傳疾病等足夠的繁殖相關知識。不能小看這問題。

接受絕育手術的壞處

可能發胖

公狗母狗都會因為手術影響而荷爾蒙失衡，再加上少了性慾多了食慾及睡慾，許多狗狗因此變胖。飼主必須改變過去的菜色及運動方式，確實管理避免肥胖。

麻醉的風險

手術前必須先進行全身麻醉，極少數狗狗的身體會因為麻醉而出問題，但只要找值得信賴的獸醫院進行手術前檢查，就能夠事先避免這種風險。關於手術的內容也可和獸醫師詳談，仔細確認麻醉的細節。

一生無法生小狗

絕育手術過後，狗狗當然一生無法生小狗。如果考慮繁殖，要做好萬全的準備，避免生出不健康的小狗，因此必須充分了解遺傳疾病方面的基礎知識、小狗的養育法、找人收養小狗時的程序等。因此要注意避免隨意交配。

建立規矩不是夢！

矢崎派

何謂矢崎派的「妥協管教」？

發現攻擊行為時絕不妥協！找專家商談

想要吃人類的食物，要求抱抱無法等待等等，成為狗狗癖好、壞習慣的「頭痛問題」，追根究底都是飼主的責任。雖說如此，大家仍會覺得禁止狗狗太可憐。這種飼主就要做到「妥協管教」。

所有妥協管教之中共通的重點就是，飼主必須動動頭腦，取得主導權「比狗狗技高一籌」。反過來說，飼主能夠取得主導權，狗狗就不至於做出引發問題的舉動。如果對狗狗的要求有某些程度的妥協，就必須事先掌握基本的主導權，這點務必要貫徹執行。

但是也有例外的例子。有些狗狗不適用妥協管教，對食物、場所、玩具等執著強烈，因此對奪走這些東西的主人做出攻擊行為。比方說，狗狗對床鋪莫名執著，只要人類干涉，牠就會攻擊或吼叫，如果光是用前面介紹過的解決方式「上來&下去」，狗狗根本不可能讓步。這時候的重點不是妥協，而是要貫徹執行管理，完全不讓狗狗上床。不論是食物或玩具都是同樣的道理。

雖說要考慮愛犬的個性，同時，也請想想最適合牠的管教方式！

明知道不行，
就是想給牠人類吃的食物！

看到愛犬可愛央求的模樣，忍不住就把食物給牠。可是老是這樣給，對管教及狗狗的身體都不是好事。

狗狗的心情

- 好香！好想吃喔～。嗯，可惡，我受不了了！
- 抬頭撒嬌，該怎麼做呢，主人應該會給我吧？
- 平常都會給我，卻突然不給了，好奇怪喔～！
- 家裡的人都在吃，所以我也想吃啊！

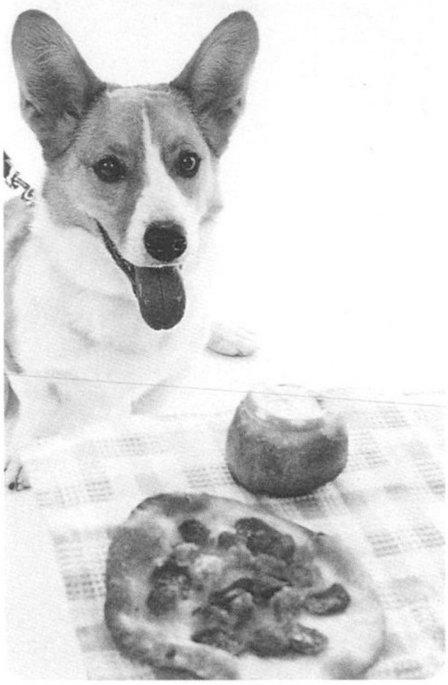

人類的心情

- 愛犬的要求太強烈，忍不住就給牠了。
- 想讓愛犬和我們一起用餐。
- 我雖努力不給，可是其他家人偷偷給。

解決方法是……

養成習慣，狗狗死命糾纏時不給，等牠靜下來時說出坐下等等口令，做到了就用手給牠狗狗專用的零食，這樣飼主就由狗狗主導的關係中重新拿回了主導權。如果覺得突然改成狗狗專用的零食很可憐，就把狗專用的零食和平常給牠吃的人類食物一起裝在袋子裡搓揉，讓零食沾上味道後再給牠。

2

你乖乖遵照指示，好乖！

狗專用的零食沾上牠最愛的人類食物味道，能夠提昇狗狗的滿足程度。

1

不給你

忍不住就抱了，
擔心養成討抱抱的壞習慣

喜歡抱抱的狗固然可愛，但飼主疲倦的時候還要抱狗很累人。

狗狗的心情

- 人家想要抱抱的時候，主人一定會抱我對吧？
- 抱抱的次數突然減少，太奇怪了！

人類的心情

- 狗狗的體重增加，常常討抱抱很累人。
- 忙碌時沒有時間抱抱！
- 只在我心血來潮時才想抱抱……。

解決方法是……

飼主和狗狗彼此都想抱抱時沒有問題，但必須不斷回應狗狗單方面要求時，彼此的認知會漸行漸遠。狗狗沒有死命糾纏時，飼主發出坐下等等指示，牠做到了就抱抱牠。抱抱的時間及場合必須不包含任何目的。一旦養成吃飯前抱抱的習慣後，時間一到，狗狗自然會要求抱抱而使飼主困擾。

別人說和狗一起睡不好，
但無論如何都想一起睡

和狗狗一起窩在床上或沙發上休息，狗狗不知不覺中就會佔去整個位置……在這情況發生之前，請先弄清楚主導權。

狗狗的心情

- 一起睡覺是習慣，所以理所當然！
- 人家最喜歡舒服的棉被，想要一直待在這裡。
- 平常總是一起睡的，別現在突然離開我啊！

人類的心情

- 狗狗很可愛呀，為什麼不能一起睡呢？
- 一起睡固然開心，但偶爾也想自己一個人熟睡。
- 狗狗養成習慣待在床上，很礙事卻趕不走。

解決方法是……

一起睡覺的行為並不是問題，放任這情況或無法控管狗狗上下床才是問題。不只是床，沙發也一樣。解決方式就是教會狗狗「上來」和「下去」。利用食物誘導牠到床鋪或沙發處，牠上去了就說「上來」，然後給食物。同樣地，狗狗離開就對牠說「下去」並給食物。能夠藉著指令控制上下，就能夠減少問題。

擔心牠弄壞東西，
又希望牠盡情挖洞

一聽到挖洞，或許你會認為這是狗狗的天性，沒辦法矯正，但是把沙發或院子裡挖得坑坑洞洞，說真的也很困擾……。

狗狗的心情

- 沒有土壤的房間當然要挖沙發或地毯嘛。
- 快樂挖洞是天性。為什麼不能做呢？

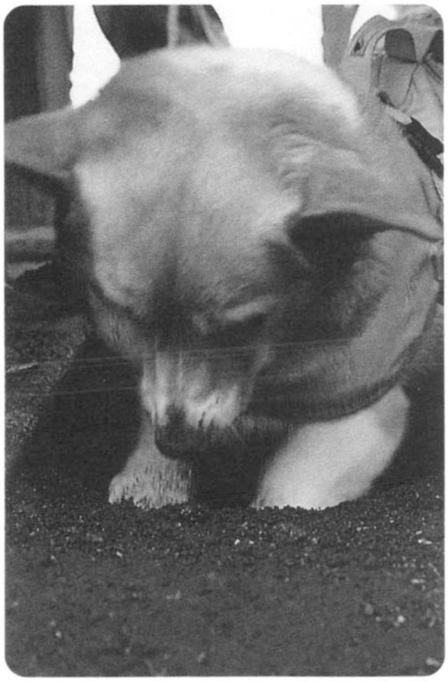

人類的心情

- 牠把院子挖得到處是洞，實在有點傷腦筋。
- 弄壞了沙發和地毯還若無其事……真希望牠別這樣。
- 可是壓制牠的本能又太可憐。該怎麼做才好呢？

解決方法是……

即使想要滿足牠挖洞的本能，但是挖洞的地點不可能毫無限制。因此與其禁止牠在不可以挖洞的地方挖，倒不如建立可以挖洞的地方，讓狗狗在那裡像在玩遊戲一樣地挖洞。比方說鋪一塊布巾底下藏著零食，挖到就可以吃。若是養在戶外，可在院子角落圍起柵欄或圍籠，設定時間讓牠在那裡挖洞。

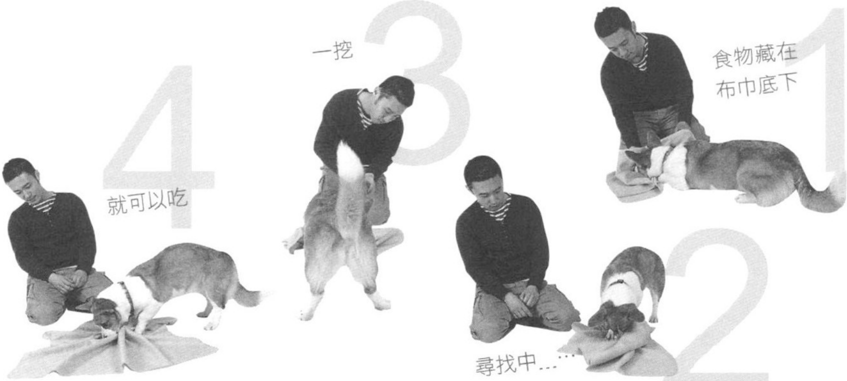

偶爾

讓牠盡情拉扯玩具

想想與愛犬之間的玩耍互動，每次都是玩具被主人沒收而告終，可是這樣子狗狗會膩。

狗狗的心情

- 每次都輸好無聊。最討厭玩拉扯遊戲了！

人類的心情

- 保有主導權，就是玩遊戲時也不能輸吧。
- 可是偶爾也想讓狗狗嚐嚐勝利的喜悅。話雖如此，總不能每次都讓牠贏，是吧？
- 但是每次都讓牠贏，狗狗搞不好會變得任性……。

解決方法是……

拉扯並非在決勝負，因此最後東西在誰手上都可以。只是在人類要握有主導權的角度上，狗狗必須做到要求鬆口時願意「給我」，這點很重要。偶爾也要製造機會，讓牠盡情拉扯，玩具壞掉也無所謂。

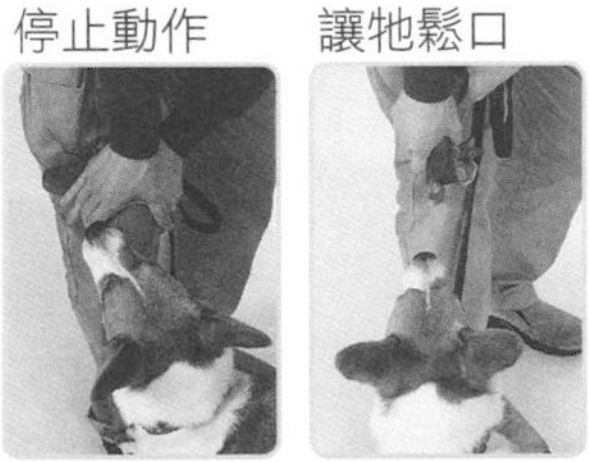

寫給玩拉扯遊戲時，玩具總是被狗狗搶走的飼主。讓狗狗放開玩具的訣竅是「玩具靜止不動」！一起加油吧～。

DOG老師　熊爸　推薦文

熊爸的臉上有著親切、陽光的笑容。從大學開始，從事馴犬的工作已經十多年，是國內資深的馴犬師。但熊爸認為自己真正的強項，不是訓練狗，而是「啟發」牠們。

「狗像小孩子一樣，是需要教育的。」

關於《心手養狗——一次解決狗狗7大教養煩惱》，熊爸認為作者矢崎潤最棒的，是採取多種鼓勵的方法，用稱讚、撫拍、遊戲、玩具、散步、吃零食等正面的鼓勵，才是正確的狗狗教養方法。

傳統的馴犬方式是處罰的教法，但熊爸完全不贊同處罰。由於每一隻狗的個性、狀況都不同，難免會造成負面的影響。例如有的狗狗可能因為處罰壓力而生病、憂鬱，有的狗狗雖然看起來學乖了，但是三不五時還是不免吠叫或不乖。因為處罰不但不能讓狗狗完全學會正確的事，反而還會因為狗狗「雖然知道『錯』，但不知怎樣做才是『對』」因而繼續重複做錯。

熊爸本身有三隻拉不拉多犬，他捨棄處罰，完全以啟發式的教育、鼓勵的方式，「引導」牠們去做自己期待的事情，使狗狗不只會完美的達成指令，而且是快樂而主動的。

此外，坊間除了KONG，還有許多同類型的抗憂鬱玩具。主人可以自行選擇多種不同玩具，幫狗安排多樣休閒活動，尤其是可以讓狗思考的活動，更能讓牠們釋放壓力。

適合別家狗狗的方式不一定適合自己家。因此，熊爸建議，讀了本書以後，不要「套招」，以免把別人家的方式套在自家狗狗身上。要根據自家狗狗的情形，徵詢犬類行為專家或動物行為專家的建議。

審閱&推薦人　熊爸（王昱智）

超過十年的豐富教學經驗！使用美國人道協會 Delta Society 犬類行為訓練系統，提倡不打不罵不處罰的人道訓練方式，讓狗狗在最沒有壓力的情況下學習。重視狗狗啟發式教育及自發行為教育，讓狗狗的反應與學習能力大增，激發狗狗最大潛能！並以促進人狗和諧關係為目標。

台灣區西莎廣告指導，臺北市、高雄市動檢所專任講師，前台灣狗醫生協會訓練組組長，各大學院校校犬指導講師，臺北市動保處《飼主責任教育》編纂委員及講師。赴美、日參加犬訓練課程，二〇〇八年帶狗赴日進修並取得日本ＤＩＮＧＯ國際訓犬講師認證。News98 電台「阿貓阿狗逛大街」好狗狗講座犬類行為講師，中天電視台「大學生了沒」節目訓犬達人。

目前擔任【ＤＯＧ老師全能發展學堂】校長。

ＤＯＧ老師全能發展學堂　簡介

鑒於現代人生活模式造成家庭功能日趨薄弱，進而衍伸出許多社會問題，ＤＯＧ老師希望利用狗狗作為軟性媒介，深入不同年齡層、各級機關與企業，透過良性互動課程，讓每個人了解不同物種與生命所能帶來的溫暖。

後記

本書是否有助於您了解愛犬令人困擾的行為？

「試過了但沒有改善」、「情況只是偶爾好一點……」

或許有些飼主有這種感覺。

不過，請各位不要因此焦慮或意志消沈。

書中介紹的訓練方式，只是眾多方式的其中一種。

訓練情況若不如預期，絕不是您或狗狗的錯，一定能夠找到更合適的方法。

如果真的需要幫手，也可就近前往獸醫院等指導機構，找出適合自己和愛犬的方式。

總會有適合各位的方法。

狗是一種對牠愈好，會給予愈多回應的生物。

但是單方面用自己的方式愛牠，老是用人類本位的做法，發脾氣或者不斷體罰，實在很悲哀。

當狗狗與飼主存在主從關係、上下關係時，想要建立互信或共享放鬆時間，就變成一件難事。

與狗狗的關係不如預期時，必須回歸基本，積極找出改善對策。

希望本書能夠幫助各位與愛犬接下來每日的生活過得更愉快自在。

日本動物醫院協會（ＪＡＨＡ）認可之家犬管教指導員

矢崎　潤

國家圖書館出版品預行編目資料

心手養狗：一次解決狗狗 7 大教養煩惱 / 矢崎 潤作；
黃薇嬪譯. -- 初版. -- 新北市：世茂, 2011.09
面；　公分. --（寵物館 ； A23）
譯自：ほめほめ DOG トレーニング矢崎流：犬のしつけ 7 大困ったをズバッと解決！
ISBN 978-986-6097-17-1（平裝）

1. 犬　2. 寵物飼養　3. 犬訓練

437.354　　100011199

寵物館 A23

心手養狗：一次解決狗狗 7 大教養煩惱

犬のしつけ「7 大困った」をズバッと解決！〈ほめほめ DOG トレーニング〉矢崎流

作　　者／矢崎 潤
譯　　者／黃薇嬪
主　　編／簡玉芬
責任編輯／陳文君
封面設計／鄧宜琨
出 版 者／世茂出版有限公司
負 責 人／簡泰雄
登 記 證／局版臺省業字第 564 號
地　　址／（231）新北市新店區民生路 19 號 5 樓
電　　話／（02）2218-3277
傳　　真／（02）2218-3239（訂書專線）、（02）2218-7539
劃撥帳號／19911841
戶　　名／世茂出版有限公司　單次郵購總金額未滿 500 元（含），請加 50 元掛號費
酷 書 網／www.coolbooks.com.tw
排版製版／辰皓國際出版製作有限公司
印　　刷／祥新印刷股份有限公司
初版一刷／2011 年 9 月

ISBN／978-986-6097-17-1
定　　價／260 元